全国高级技工学校电气自动化设备安装与维修专业

工程识图与AutoCAD（第二版）习题册

王希波　主编

中国劳动社会保障出版社

简　介

本习题册为全国高级技工学校电气自动化设备安装与维修专业教材《工程识图与 AutoCAD（第二版）》的配套用书。本习题册按照教材章节顺序编写，内容紧扣教学要求，知识点分布均衡，题型丰富多样，习题难易适中，有助于学生复习巩固所学知识。

本习题册由王希波任主编，周华任副主编，叶录京、高立瑞、王雪参与编写，王永胜任主审。

图书在版编目（CIP）数据

工程识图与 AutoCAD（第二版）习题册 / 王希波主编 . -- 北京：中国劳动社会保障出版社，2022

全国高级技工学校电气自动化设备安装与维修专业

ISBN 978-7-5167-5448-1

Ⅰ.①工…　Ⅱ.①王…　Ⅲ.①工程制图 - 识图 - 技工学校 - 习题集 ②工程制图 - AutoCAD 软件 - 技工学校 - 习题集　Ⅳ.①TB23-44

中国版本图书馆 CIP 数据核字（2022）第 201778 号

中国劳动社会保障出版社出版发行

（北京市惠新东街 1 号　邮政编码：100029）

*

北京汇林印务有限公司印刷装订　新华书店经销

787 毫米 ×1092 毫米　16 开本　17.75 印张　228 千字

2022 年 12 月第 1 版　2025 年 5 月第 2 次印刷

定价：32.00 元

营销中心电话：400-606-6496

出版社网址：http://www.class.com.cn

http://jg.class.com.cn

版权专有　侵权必究

如有印装差错，请与本社联系调换：（010）81211666

我社将与版权执法机关配合，大力打击盗印、销售和使用盗版图书活动，敬请广大读者协助举报，经查实将给予举报者奖励。

举报电话：（010）64954652

目　　录

第一章 投影与三视图

1-1-1 在右侧按照 1∶1 的比例绘制左侧图形

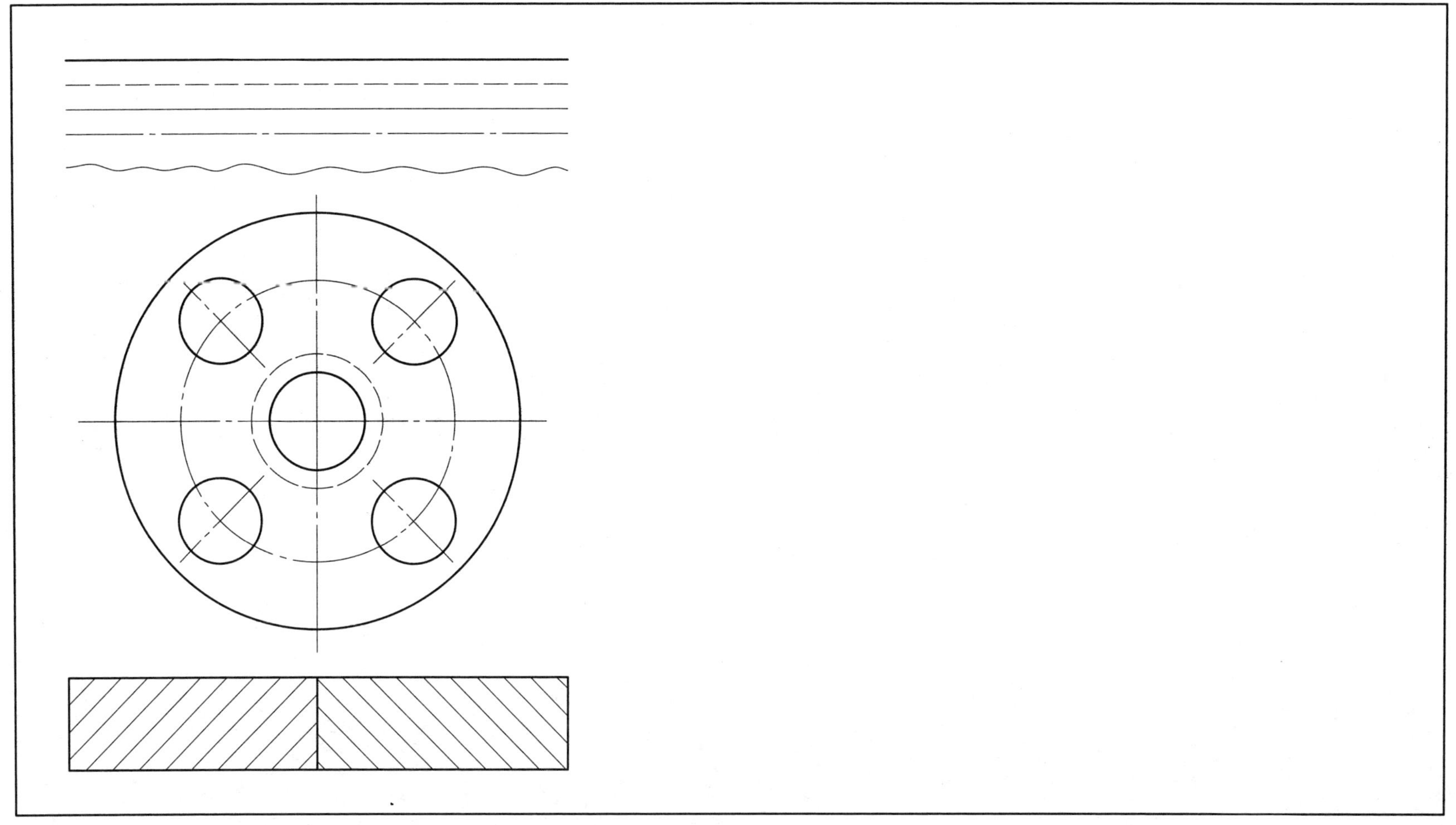

班级________ 学号________ 姓名____________

1-1-2　在下方抄绘平面图形

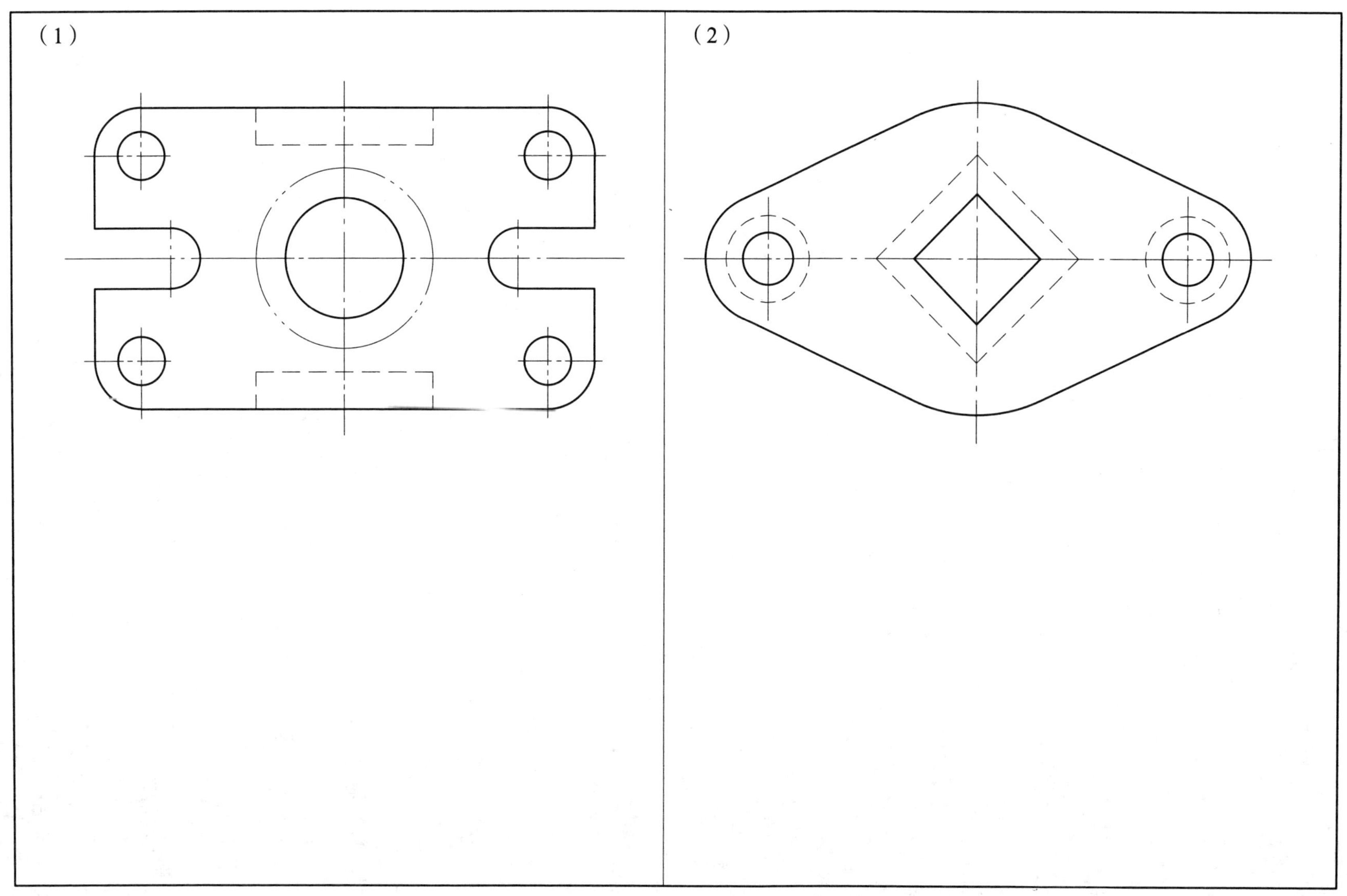

班级________学号________姓名____________

1-1-3　按照左上方图中标注的尺寸绘制图形（比例 1∶1）

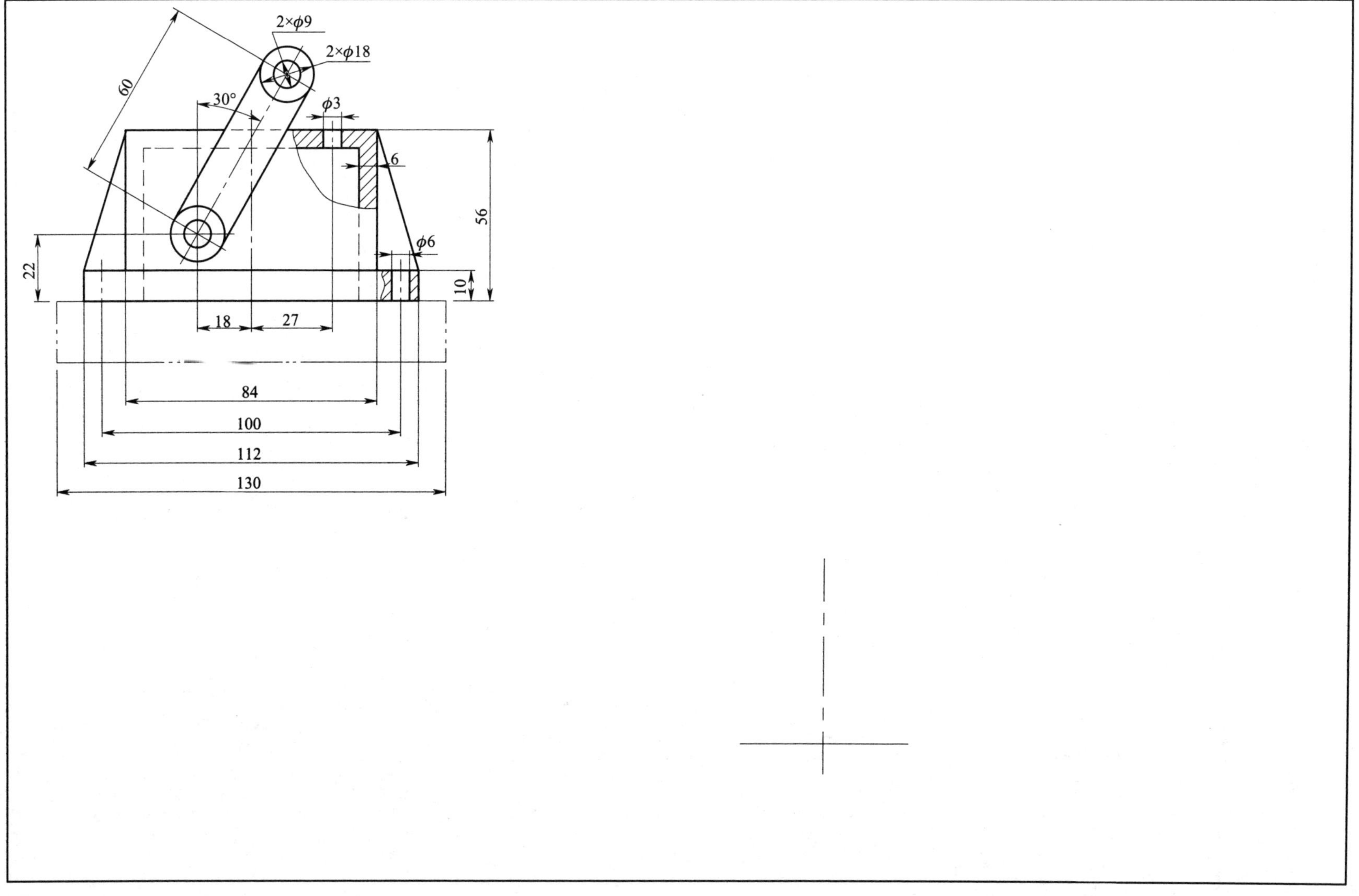

班级________学号________姓名____________

1-1-4　标注尺寸（尺寸从图中量取，取整数）

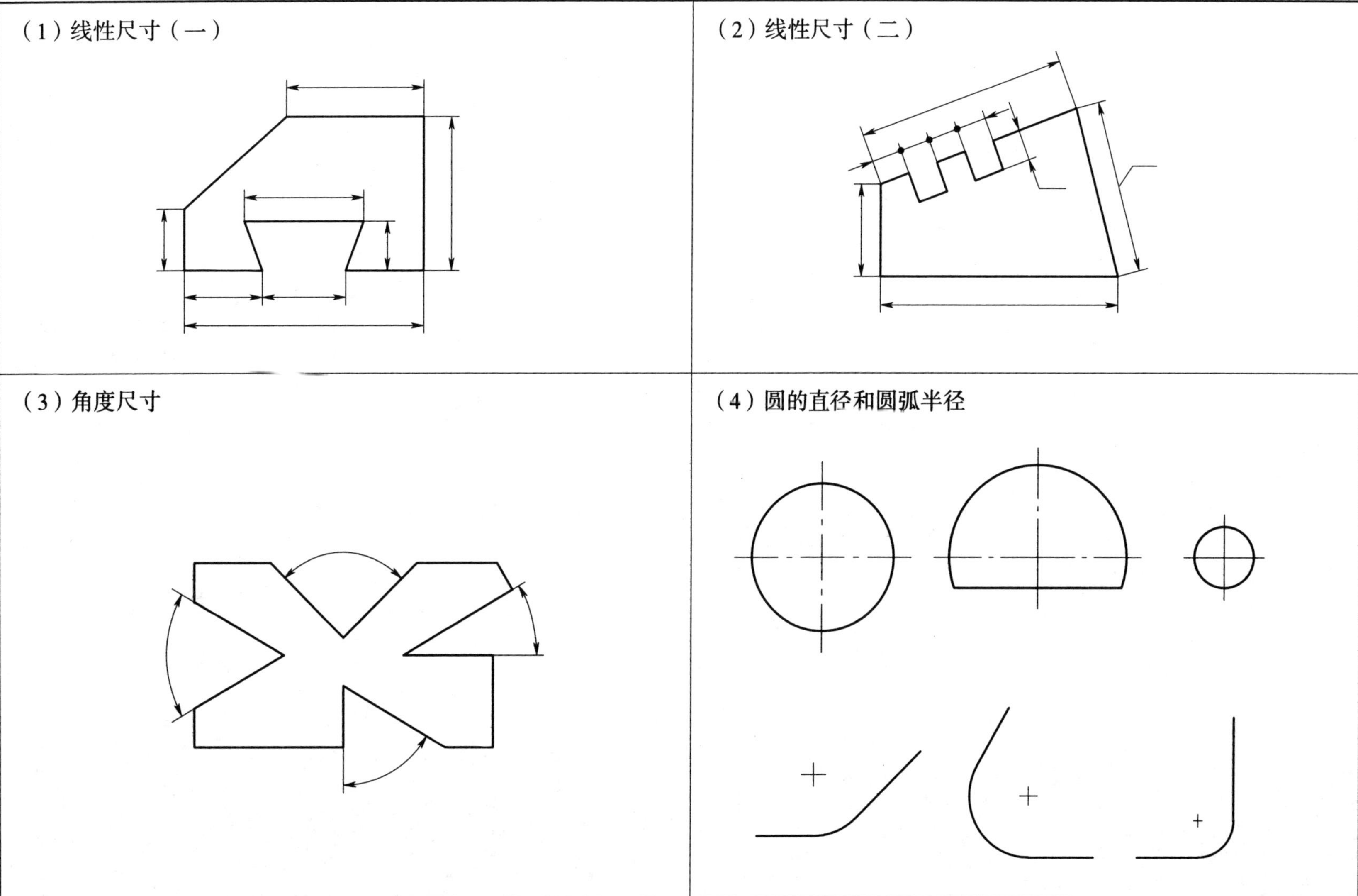

班级________学号________姓名____________

1-1-5 指出图中尺寸标注的错误，并在下图中正确地标注尺寸

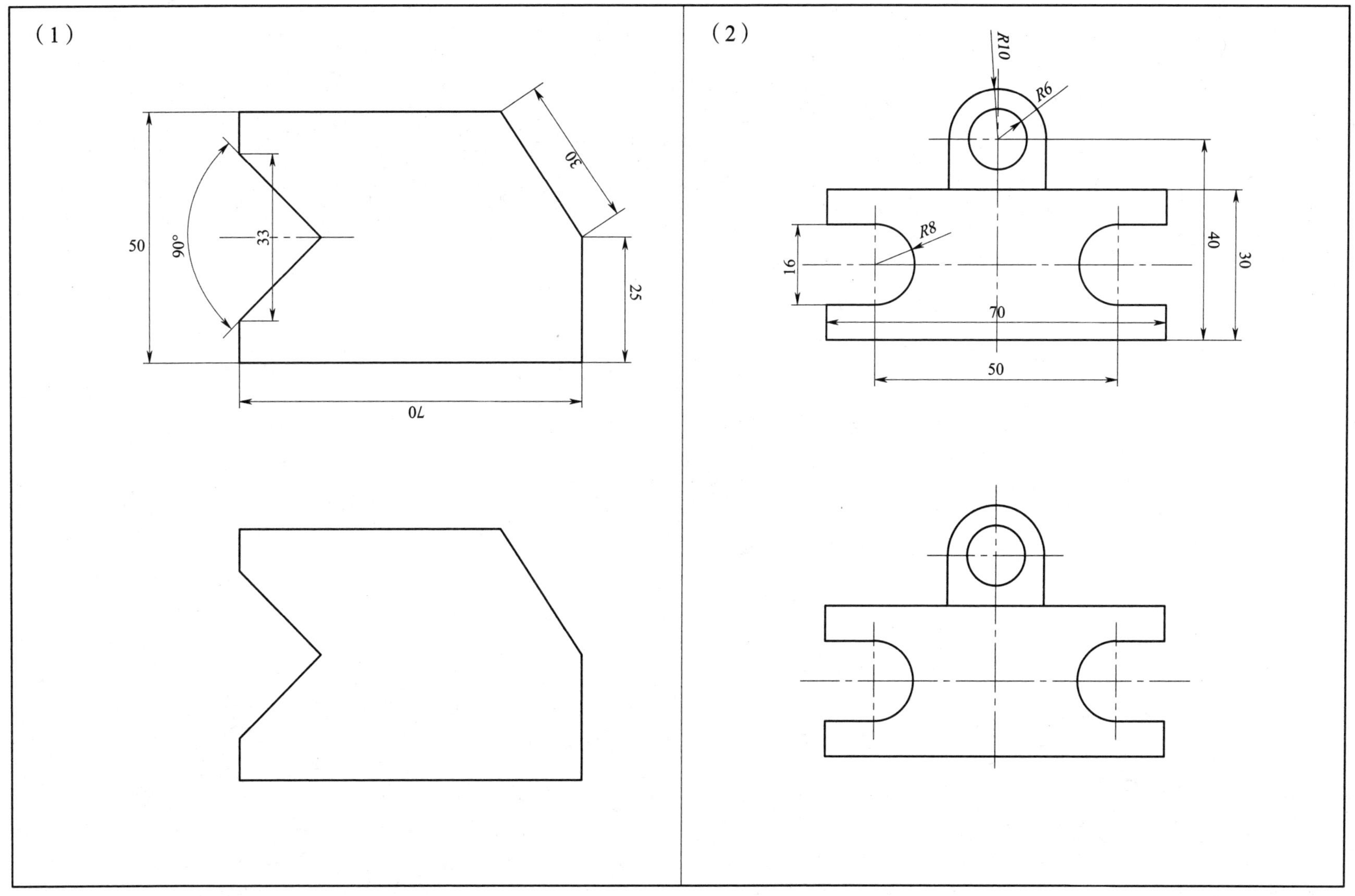

班级________学号________姓名____________

1-2-1　绘制三视图

（1）根据长方体的立体图绘制三视图。（同步训练*）

Z X O Y Y

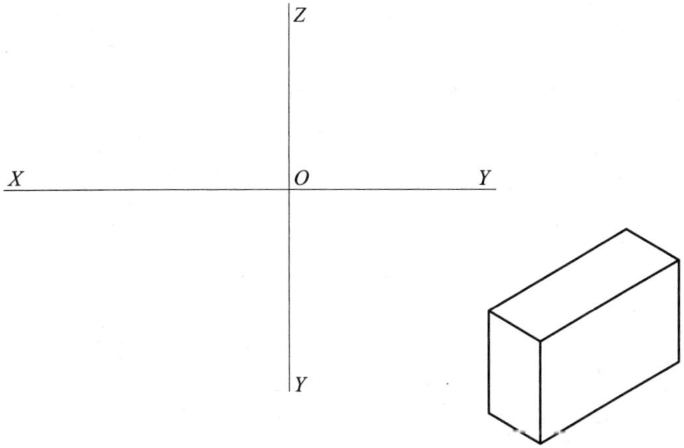

（2）根据沙发的立体图绘制三视图。（同步训练）

Z X O Y Y

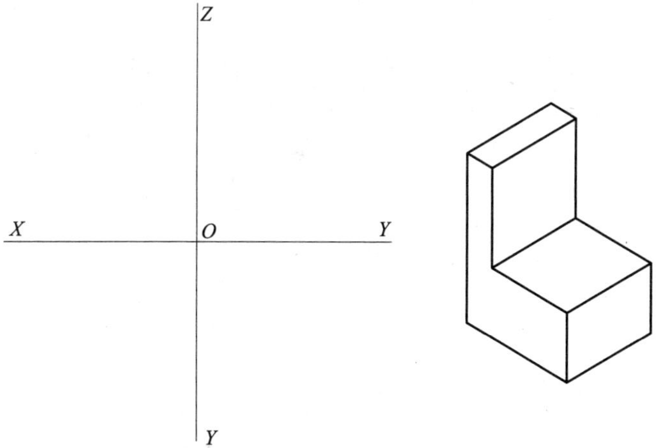

（3）根据两视图绘制第三视图。（同步训练）

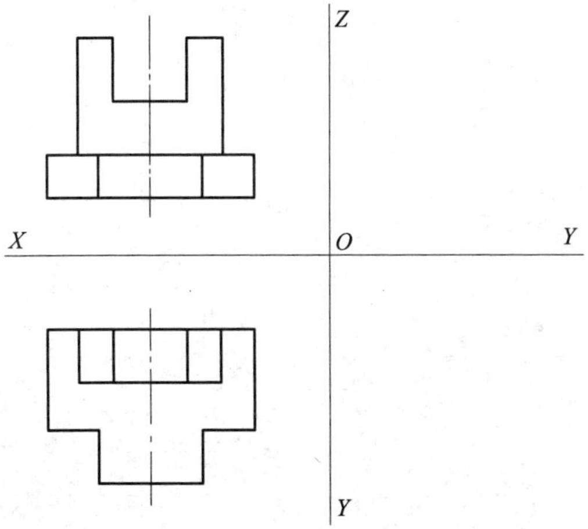

Z X O Y Y

（4）根据两视图绘制第三视图。

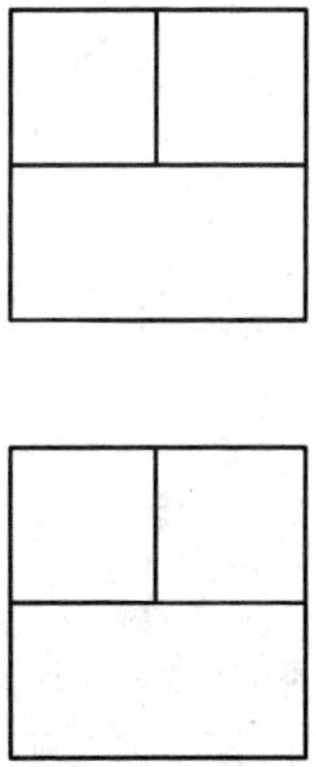

班级_______学号_______姓名__________

* “同步训练”与教材有关内容同步，供课堂教学时实施教、学、练一体化教学使用。

1-2-2 参照立体图，根据两视图补画第三视图

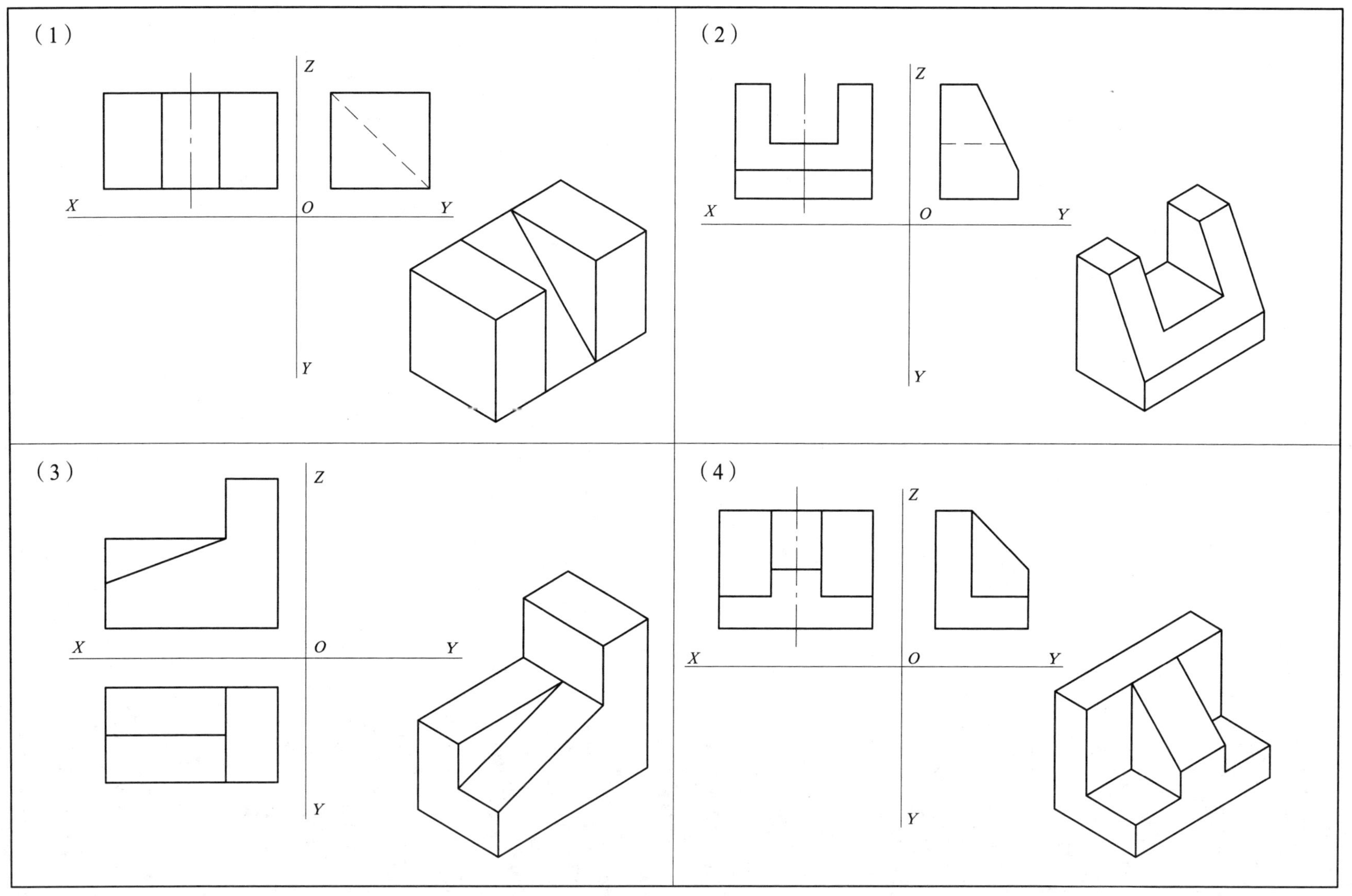

班级________ 学号________ 姓名____________

1-2-3 参照立体图，根据两视图补画第三视图

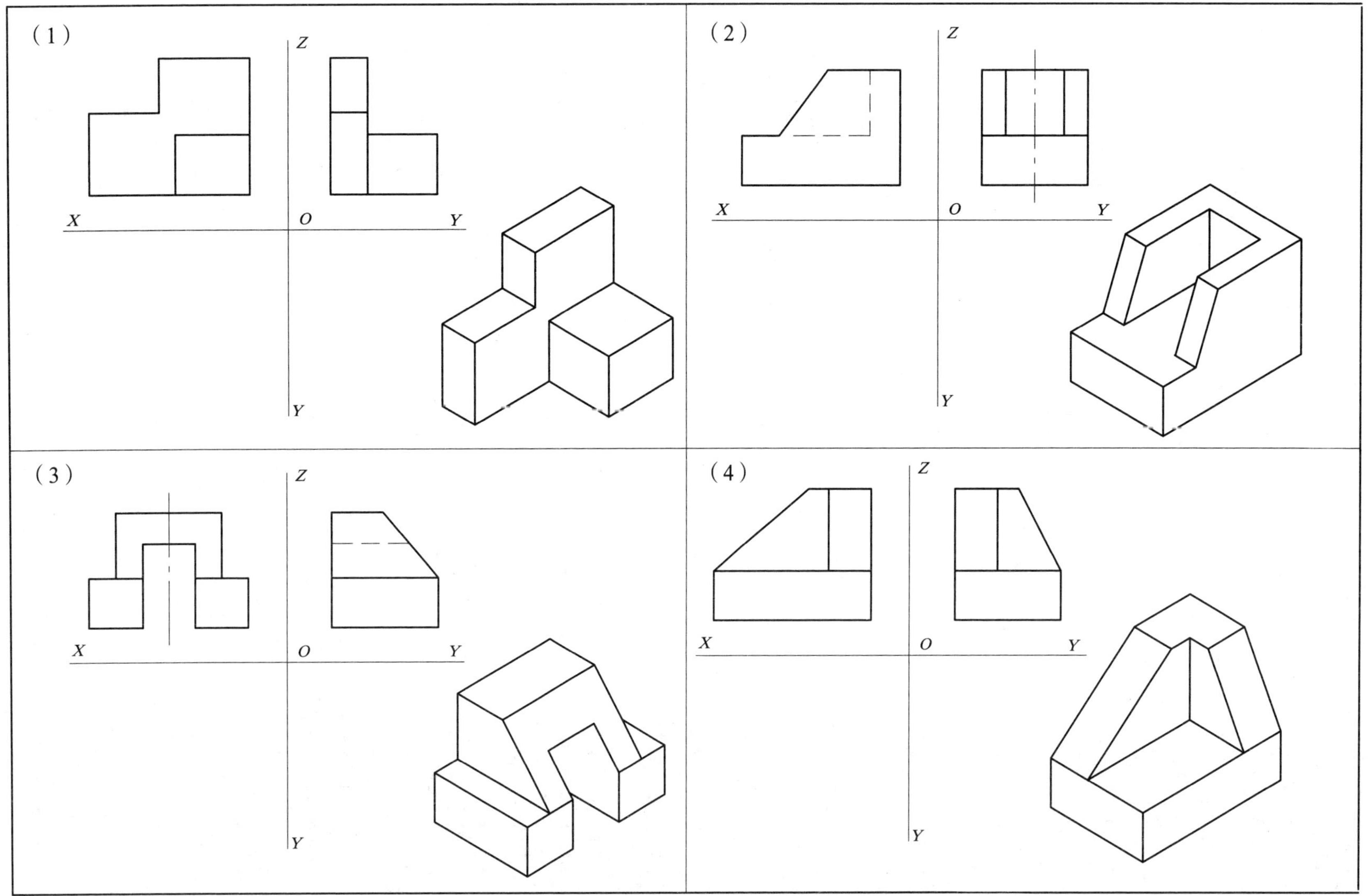

班级________ 学号________ 姓名__________

1-2-4　根据两视图补画第三视图

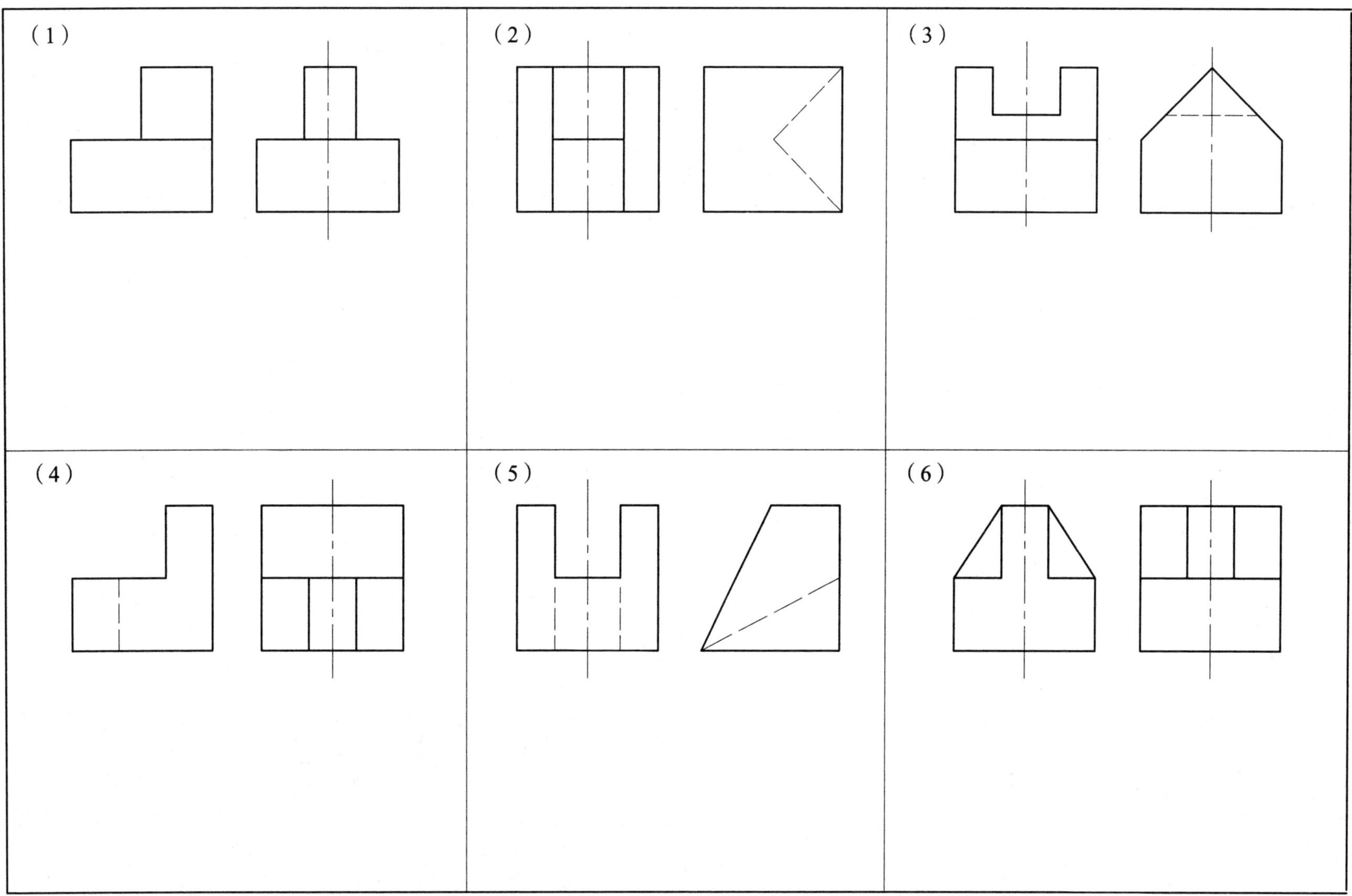

班级________ 学号________ 姓名___________

1-2-5　根据两视图补画第三视图

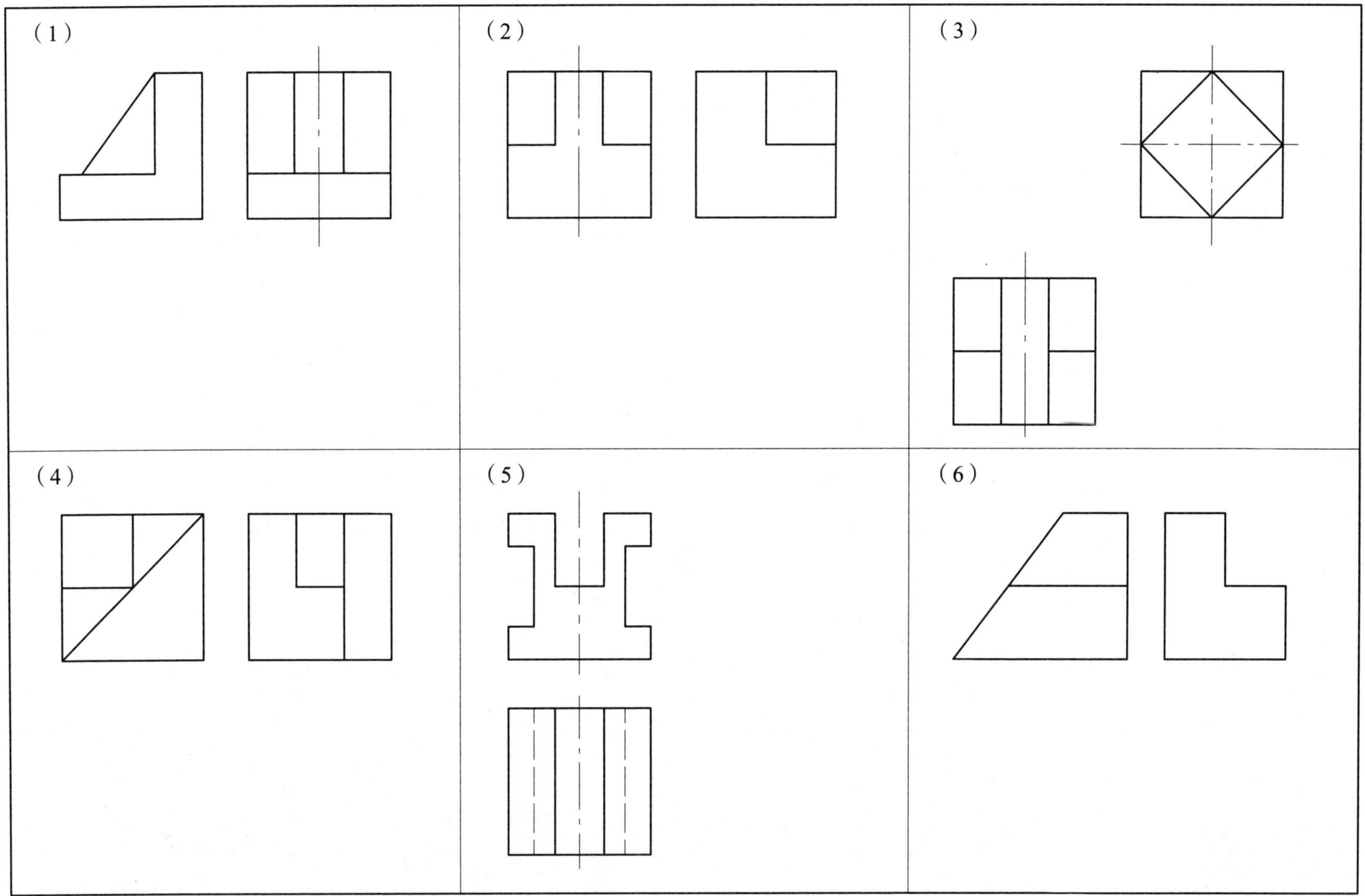

班级________学号________姓名____________

1-2-6 根据两视图补画第三视图

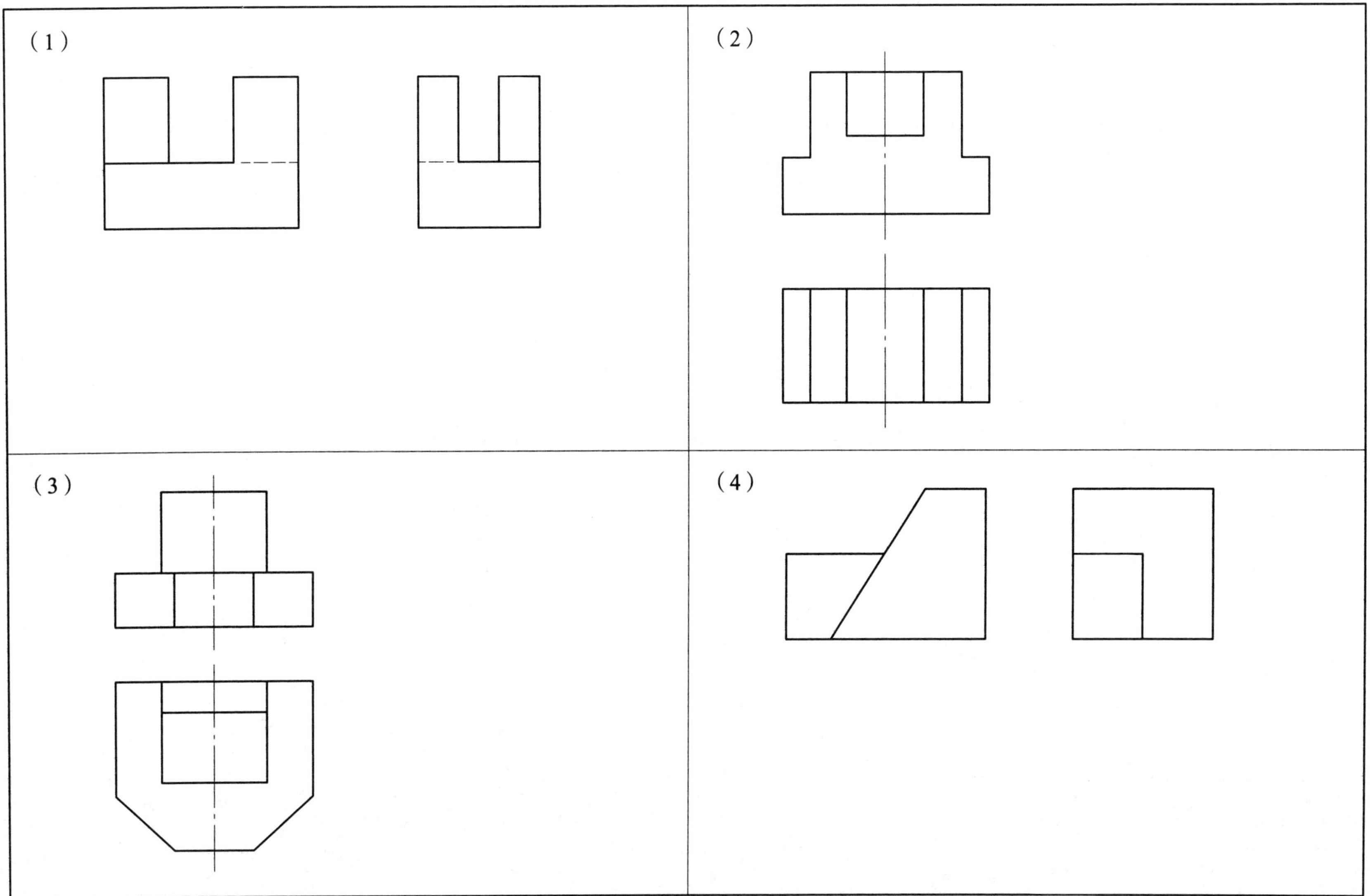

班级________ 学号________ 姓名____________

1–3–1　补画点、直线的第三投影

（1）根据点的两面投影求作第三投影。

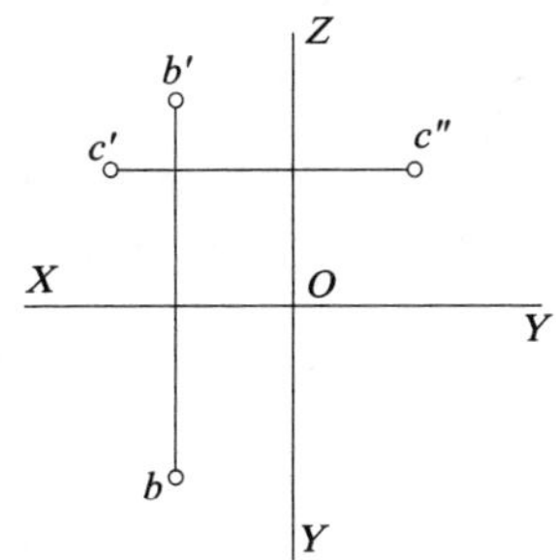

（2）已知 E 点是 D 点在主视图上的重影点，求两点的未知投影。

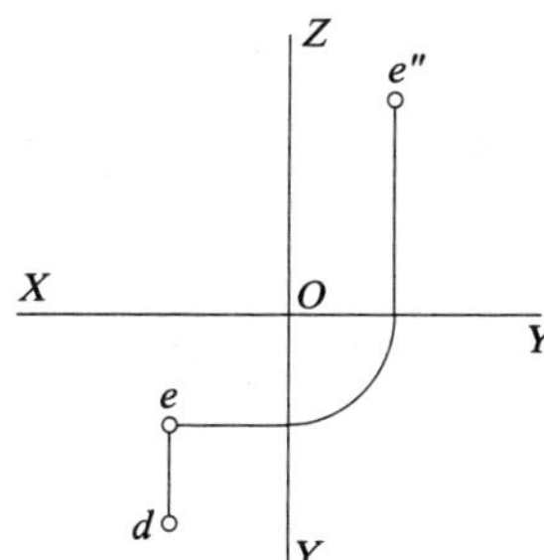

（3）补画直线段的第三投影，并填空。

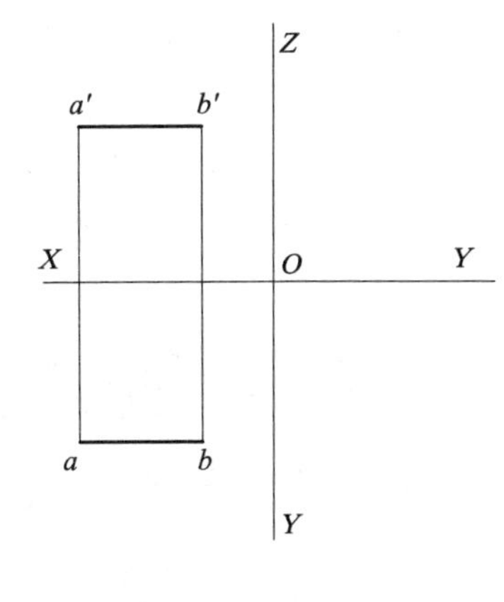

1）直线 AB 与三投影面的位置关系：与正投影面________，与水平投影面________，与侧投影面________。

2）直线 AB 为________线。

3）反映实长的投影是________。

（4）补画直线段的第三投影，并填空。

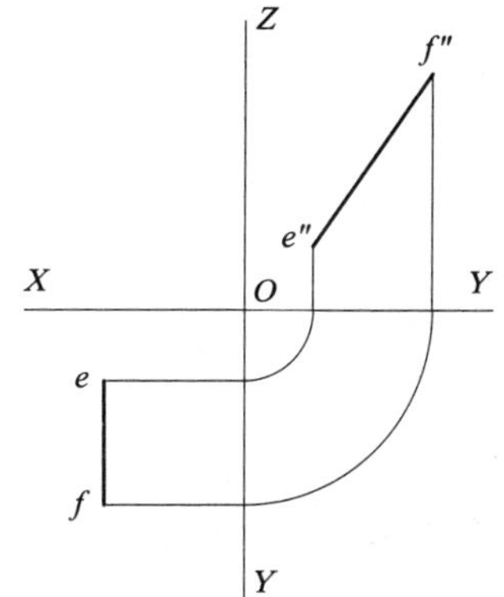

1）直线 EF 与三投影面的位置关系：与正投影面________，与水平投影面________，与侧投影面________。

2）直线 EF 为________线。

3）反映实长的投影是________。

班级________学号________姓名__________

1–3–2 在三视图上找出标注字母的棱线的未知投影并描粗，填空说明直线的种类

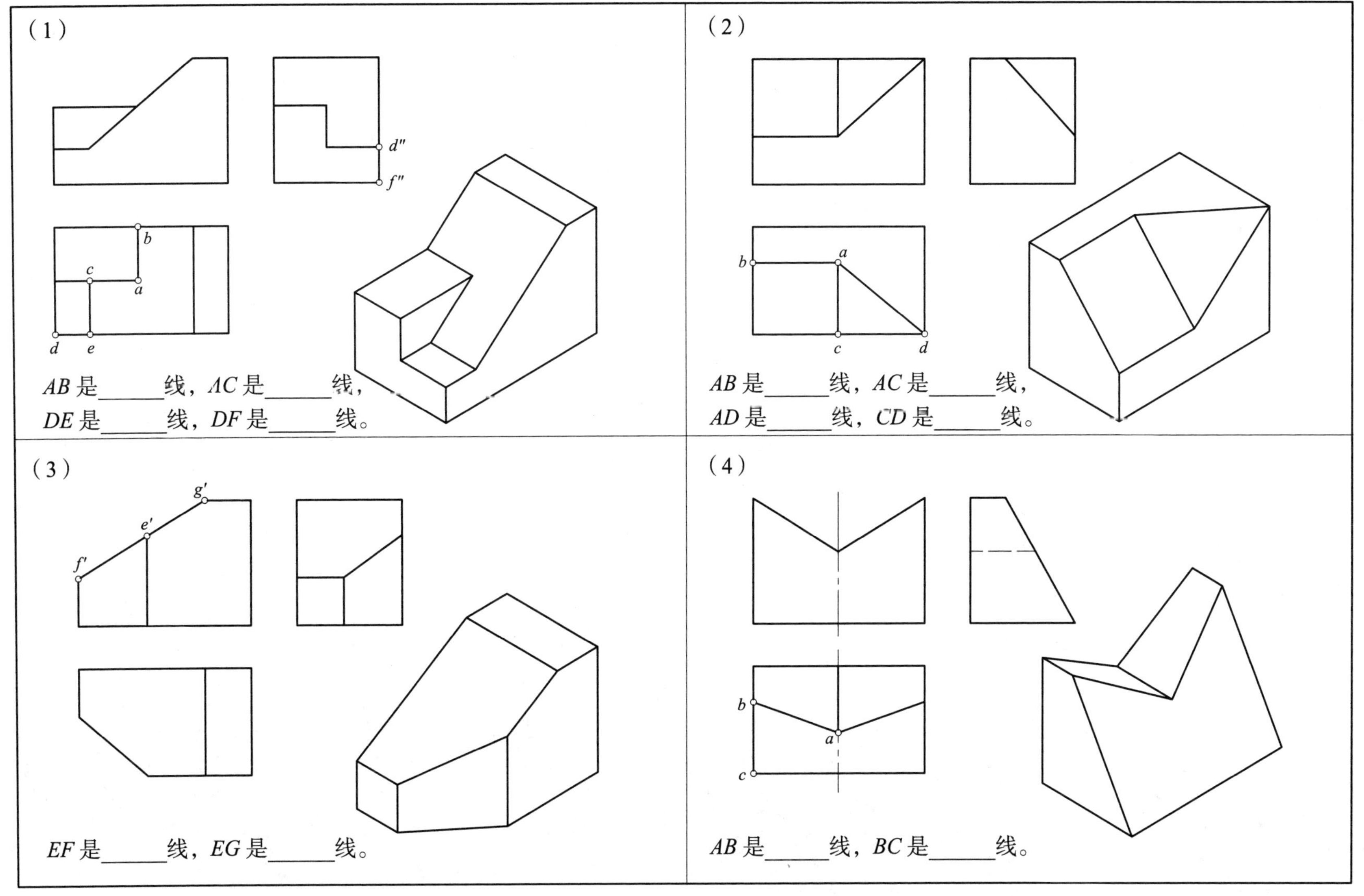

班级________学号________姓名____________

1–3–3　补画平面的第三投影，并填空

（1）补画平面 *ABCD* 的正面投影，并填空。

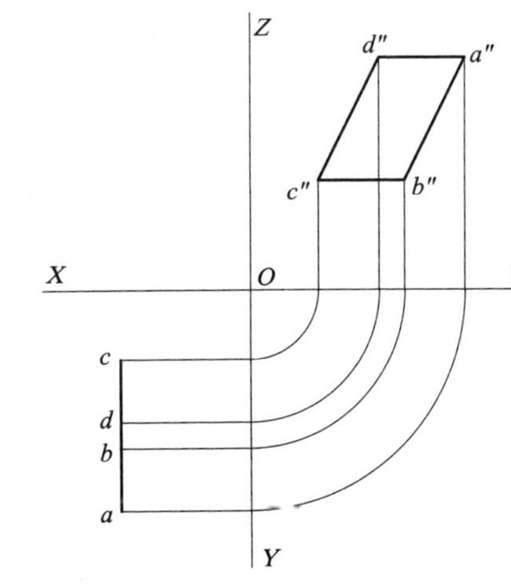

1）平面 *ABCD* 与三投影面的位置关系：与正投影面______，与水平投影面______，与侧投影面______。

2）平面 *ABCD* 为____面。

3）在平面 *ABCD* 的三面投影中，反映实形的投影是______投影，具有积聚性的投影是______投影和______投影。

（2）补画平面 *P* 的正面投影，并填空。

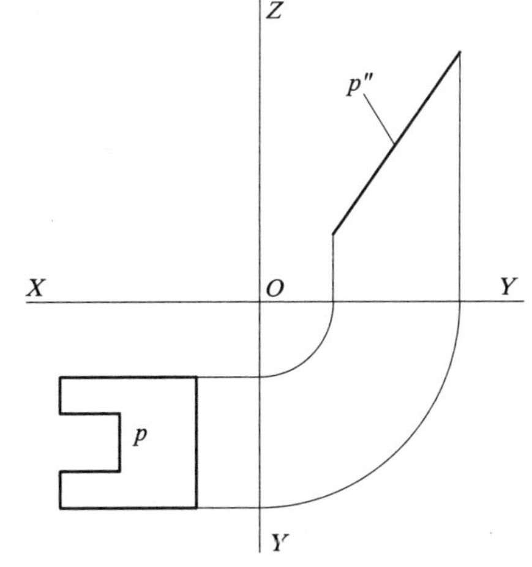

1）平面 *P* 与三投影面的位置关系：与正投影面______，与水平投影面______，与侧投影面______。

2）平面 *P* 为______面。

3）在平面 *P* 的三面投影中，具有积聚性的投影是______投影。

（3）补画平面 *ABCDE* 的侧面投影，并填空。

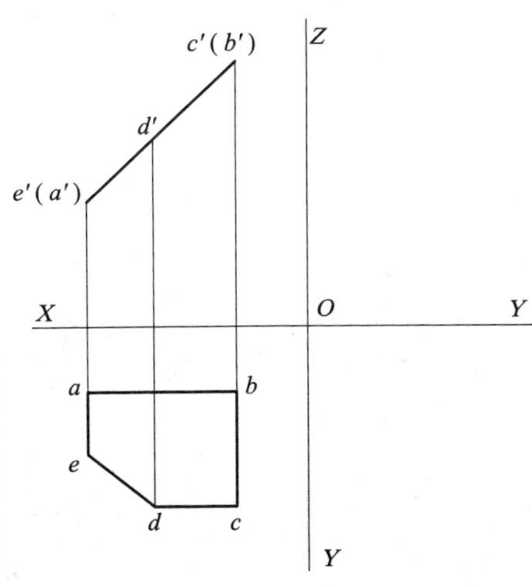

1）平面 *ABCDE* 与三投影面的位置关系：与正投影面______，与水平投影面______，与侧投影面______。

2）平面 *ABCDE* 为____面。

3）在平面 *ABCDE* 的三面投影中，具有积聚性的投影是______投影。

（4）补画平面 *EFG* 的水平投影，并填空。

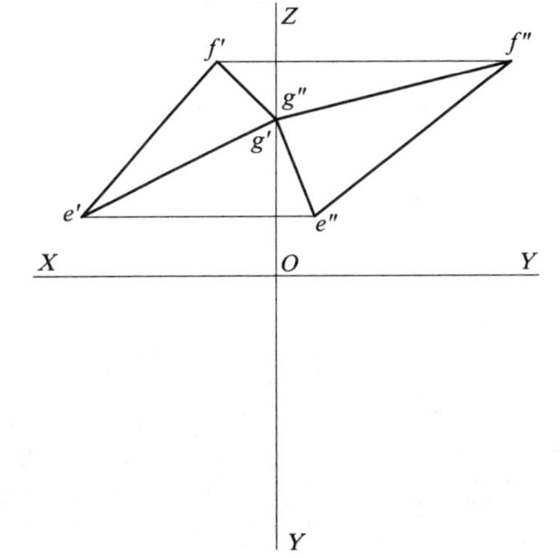

1）平面 *EFG* 与三投影面的位置关系：与正投影面______，与水平投影面______，与侧投影面______。

2）平面 *EFG* 为_____平面。

班级_______学号_______姓名__________

1-3-4　补画第三视图，求出指定平面的未知投影，并填空

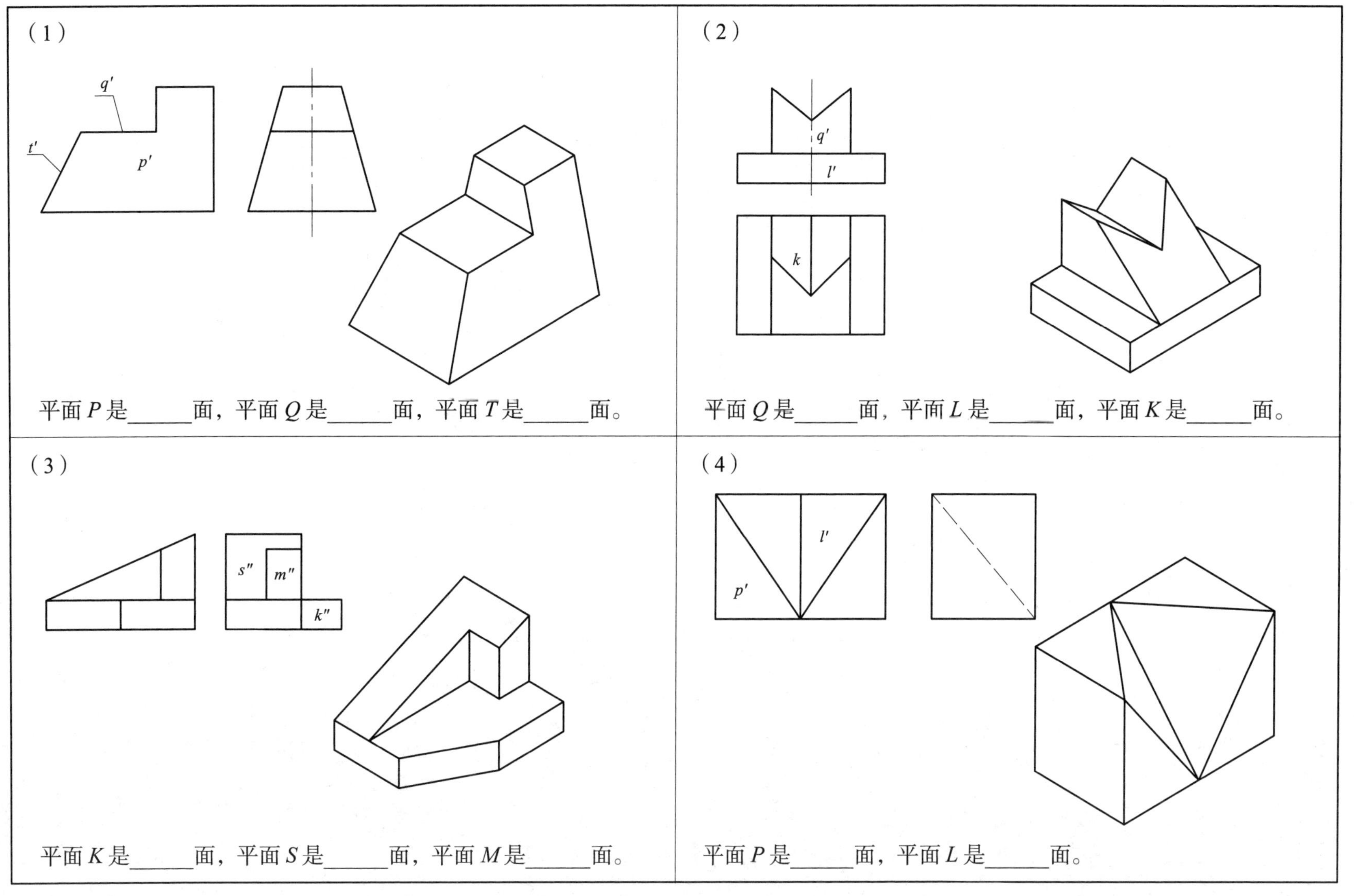

班级________　学号________　姓名__________

1-3-5　补画第三视图，求出指定平面的未知投影，并填空

（1）

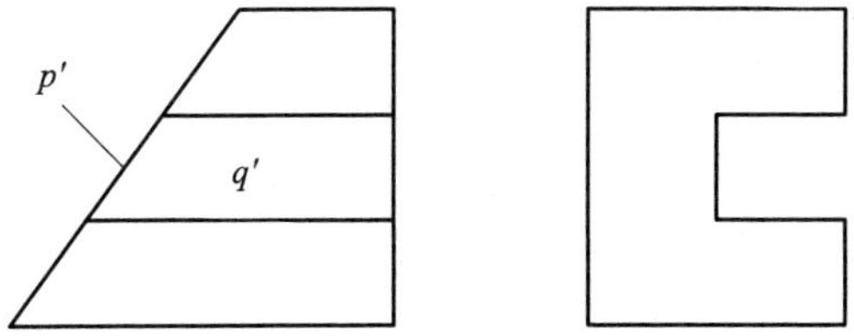

p′
q′

平面 P 是______面，平面 Q 是______面。

（2）

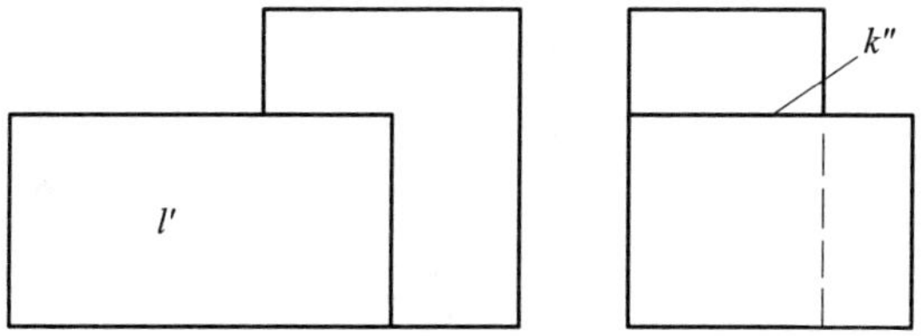

k″
l′

平面 L 是______面，平面 K 是______面。

（3）

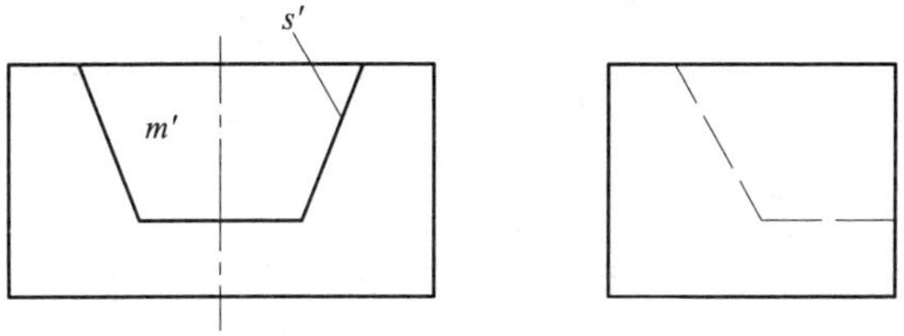

s′
m′

平面 S 是______面，平面 M 是______面。

（4）

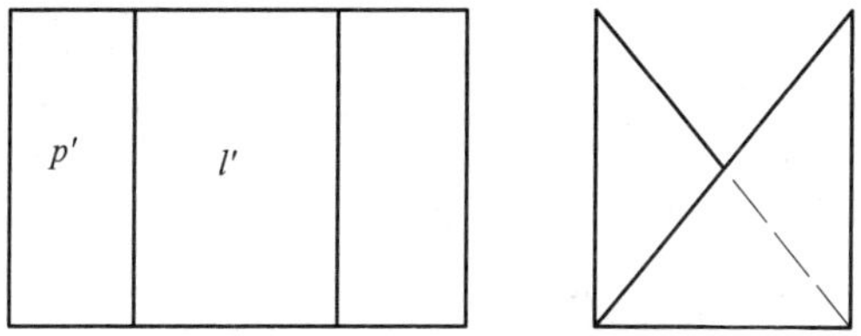

p′
l′

平面 P 是______面，平面 L 是______面。

班级________学号________姓名____________

1-4-1　绘制基本几何体的三视图，并标注尺寸（同步训练）

（1）绘制正六棱柱的三视图（底面正六边形外接圆直径为 24 mm，高为 12 mm）。

（2）绘制正四棱锥的三视图（底面正方形的边长为 21 mm，锥高为 25 mm）。

（3）绘制圆柱的三视图（底面圆的直径为 24 mm，高为 21 mm）。

（4）绘制圆锥的三视图（底面圆的直径为 24 mm，圆锥的高为 27 mm）。

班级________学号________姓名____________

1-4-2　补画平面立体的三视图，并标注尺寸（尺寸从图中量取，取整数）

（1）正五棱柱

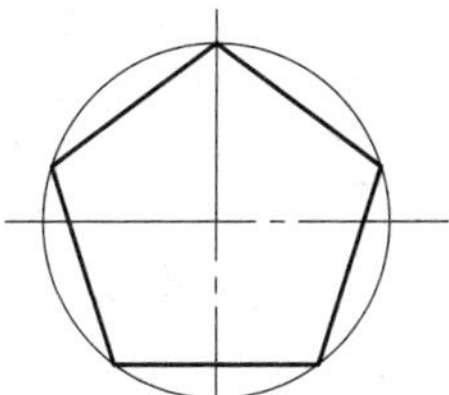

（2）正四棱锥

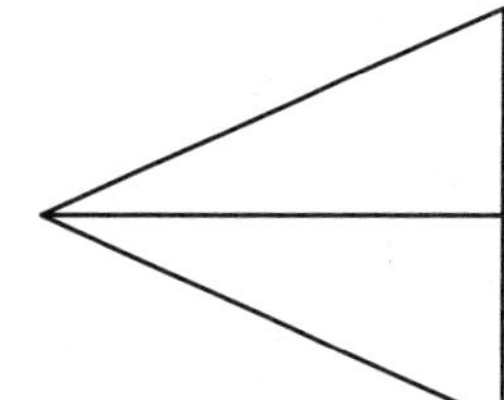

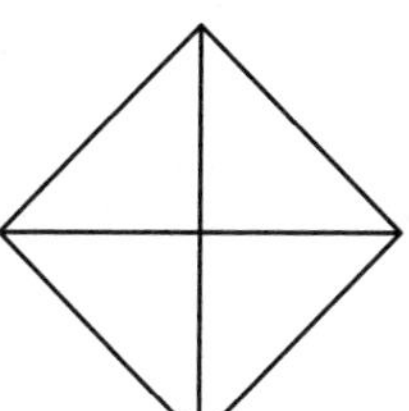

（3）正六棱锥

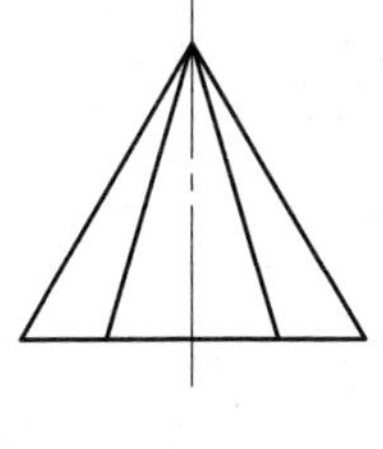

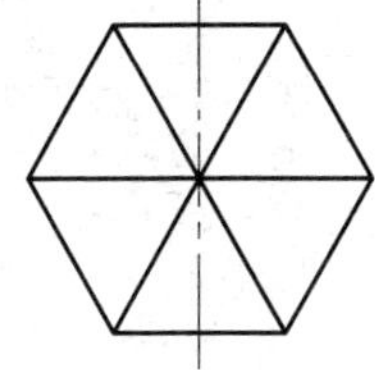

（4）四棱台

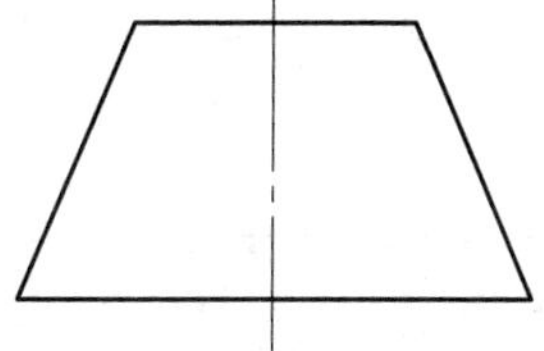

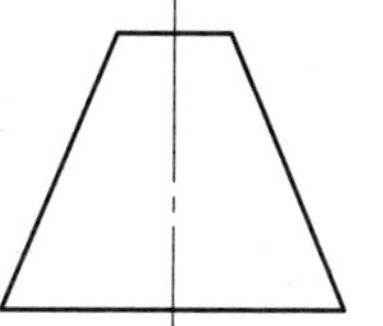

班级________学号________姓名____________

1-4-3 补画平面立体的三视图，并标注尺寸（尺寸从图中量取，取整数）

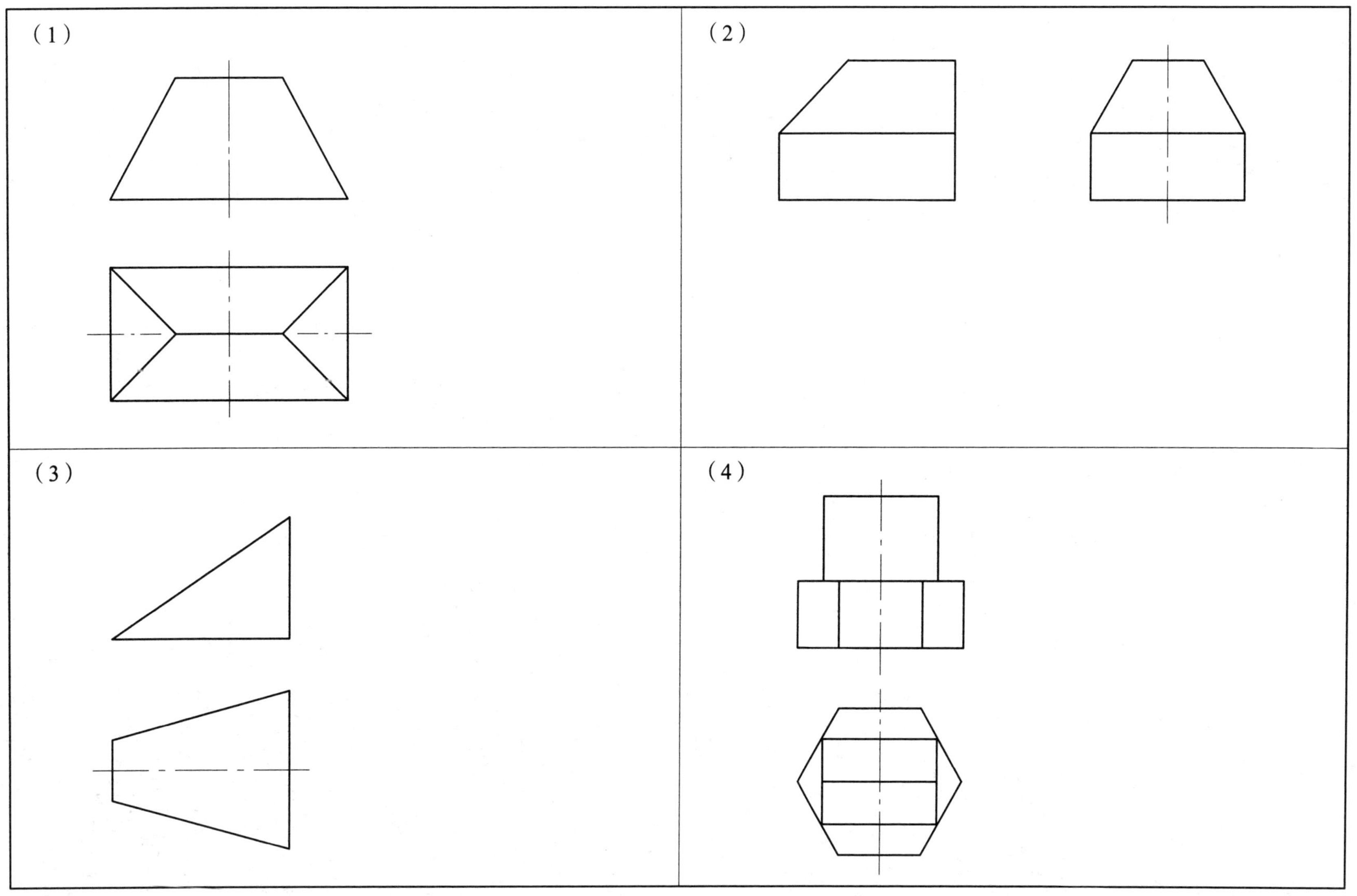

班级________ 学号________ 姓名____________

1-4-4　补画曲面立体的三视图，并标注尺寸（尺寸从图中量取，取整数）

（1）绘制 1/4 圆柱的俯视图，并标注尺寸。

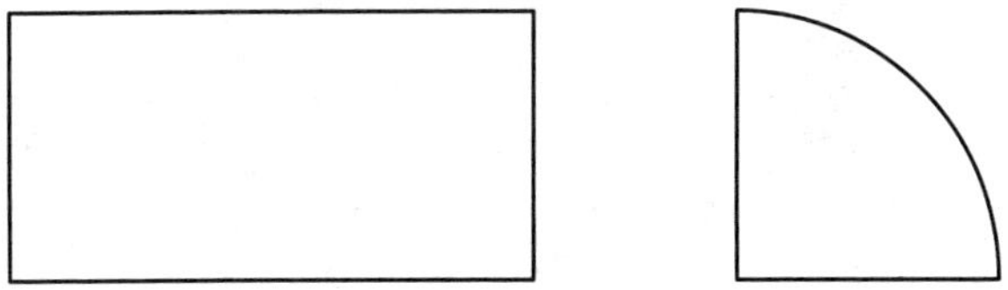

（2）绘制半圆锥台的左视图，并标注尺寸。

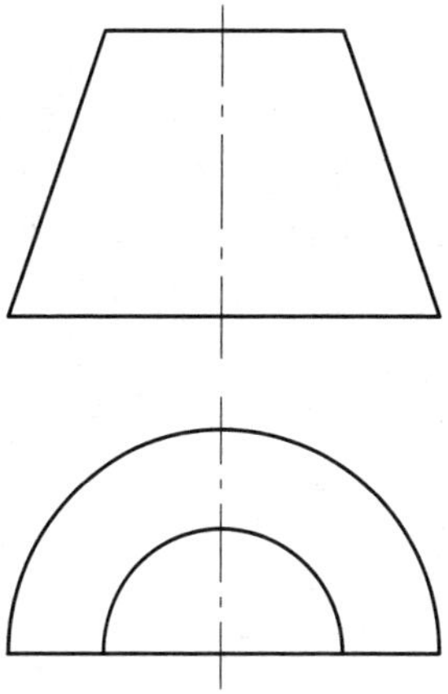

（3）绘制 1/4 圆锥的俯视图，并标注尺寸。

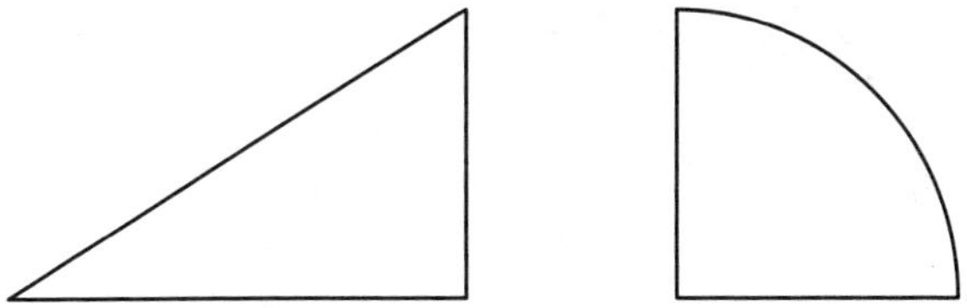

（4）绘制半球的俯视图，并标注尺寸。

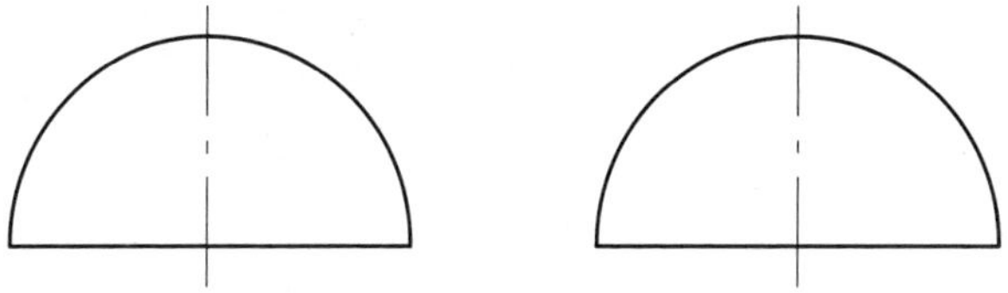

班级________学号________姓名__________

1-4-5　补画曲面立体的三视图，并标注尺寸（尺寸从图中量取，取整数）

（1）

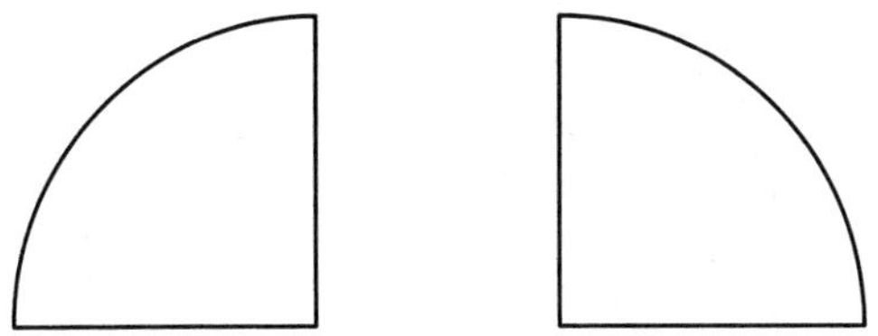

（2）

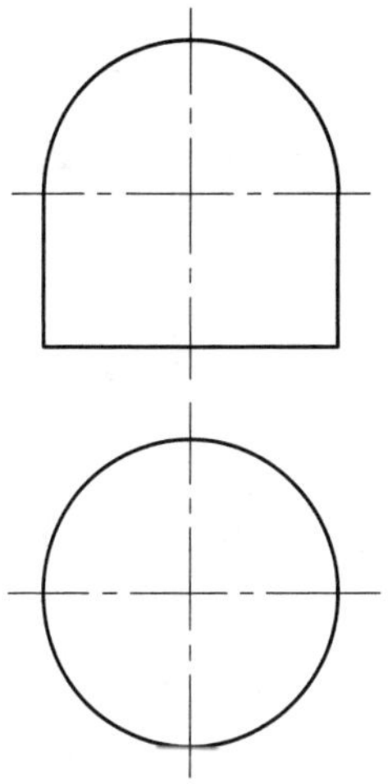

（3）

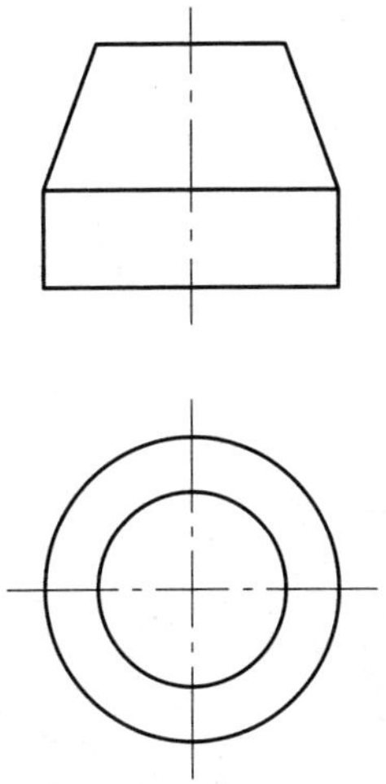

（4）

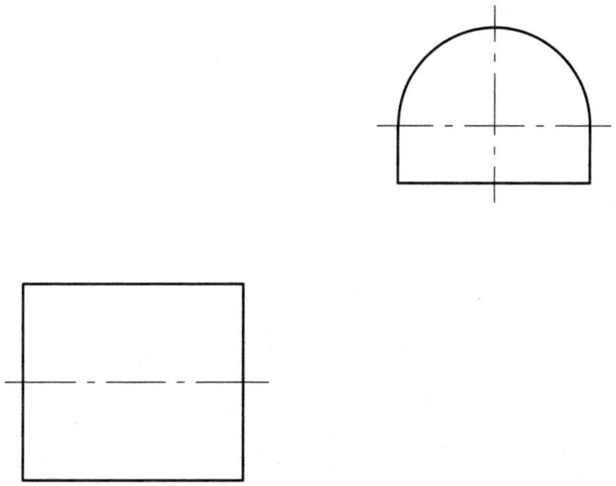

班级________学号________姓名____________

1-4-6　已知完整的主视图和缺线的俯视图，分别构思三个不同的形体，完成俯视图，补画左视图

(1)

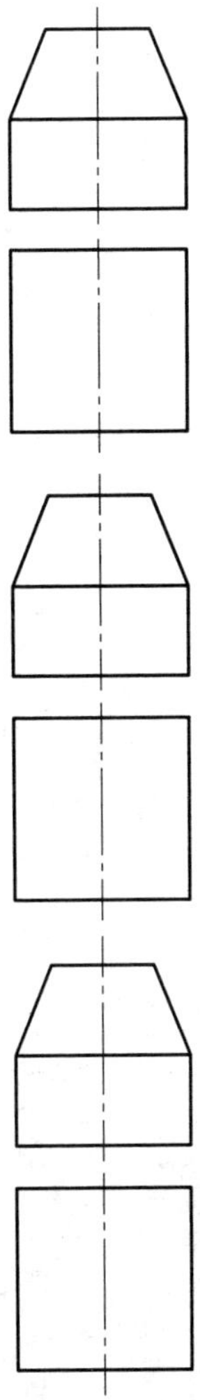

(2)

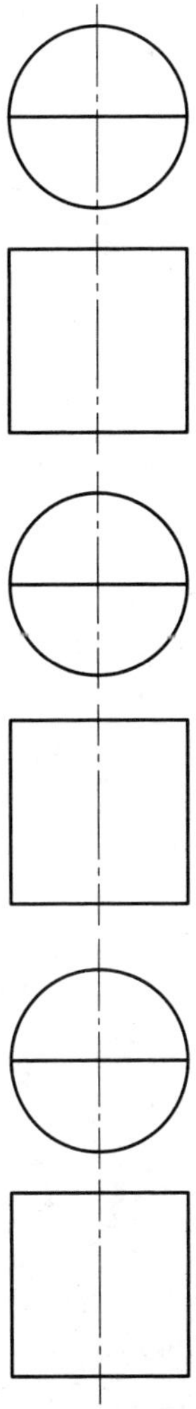

(3)

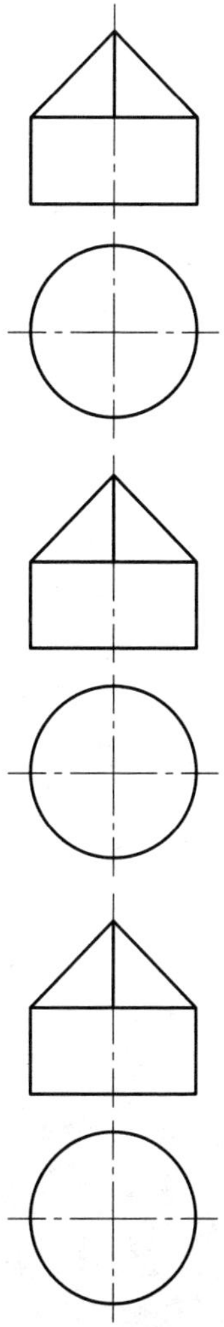

班级________学号________姓名____________

第二章 轴 测 图

2–1–1 看懂两视图，绘制正等轴测图（尺寸从图中量取，取整数；同步训练）

（1）绘制长方体的正等轴测图。

（2）绘制圆柱的正等轴测图。

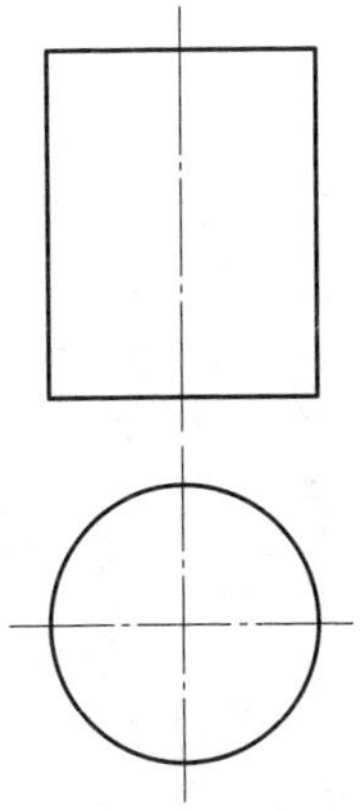

（3）绘制支承座的正等轴测图。

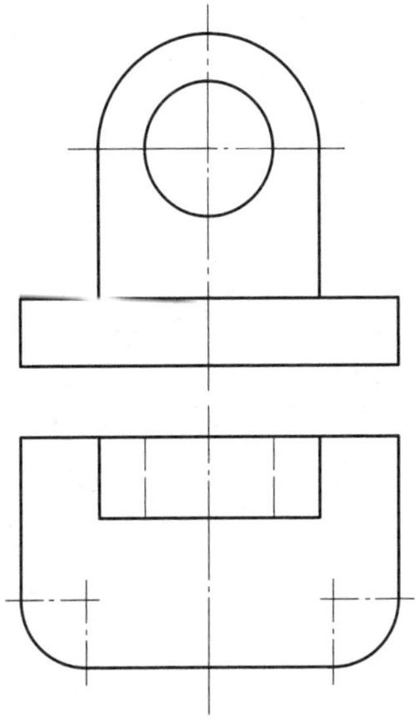

班级_______ 学号_______ 姓名___________

2-1-2　看懂两视图，绘制正等轴测图（尺寸从图中量取，取整数）

（1）

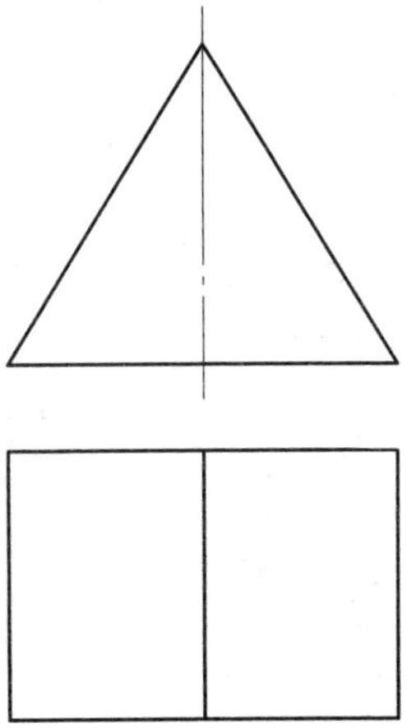

（2）

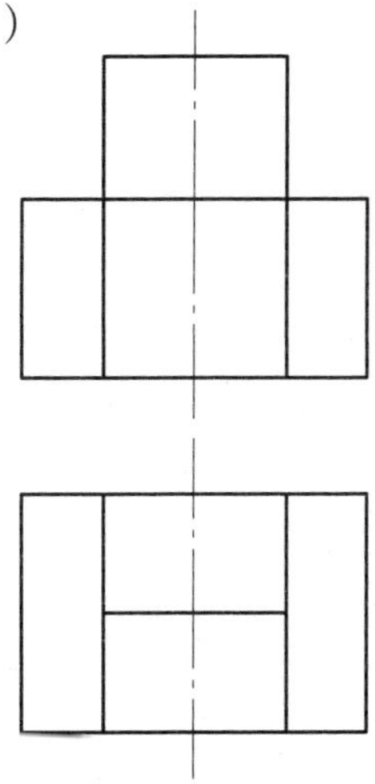

（3）

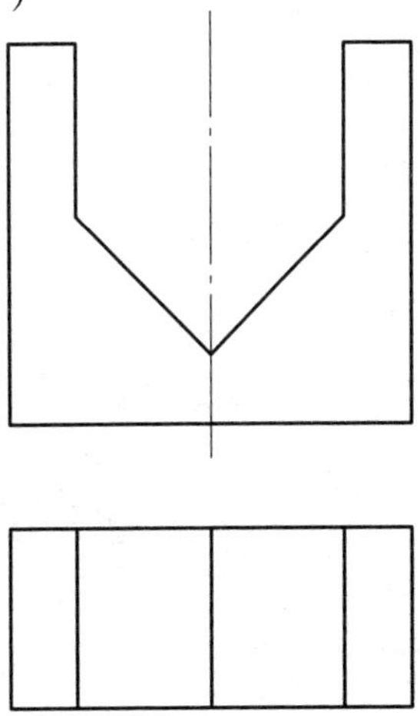

（4）

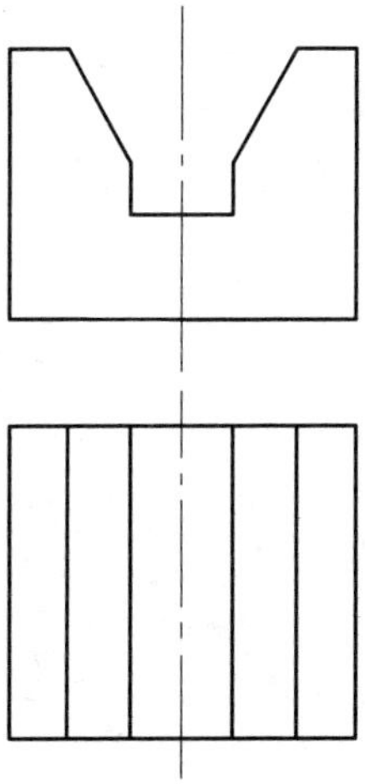

班级________学号________姓名__________

2-1-3　看懂两视图，绘制正等轴测图（尺寸从图中量取，取整数）

（1）

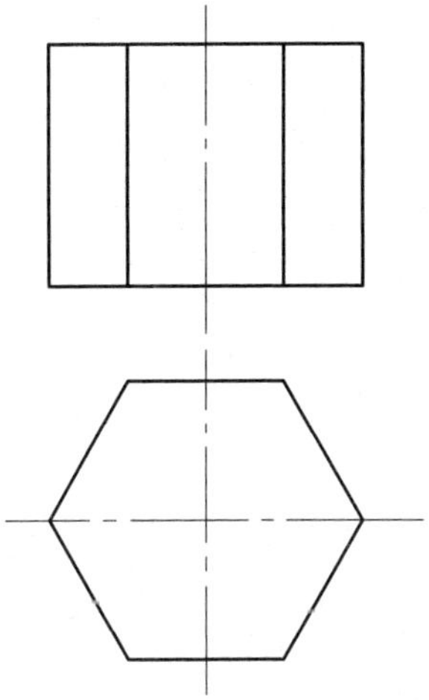

（2）

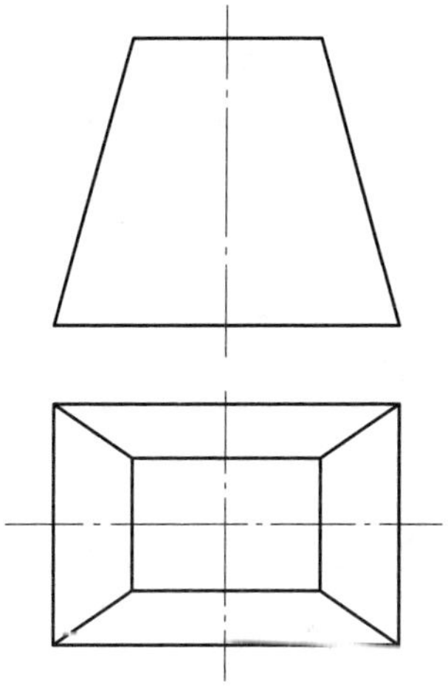

（3）

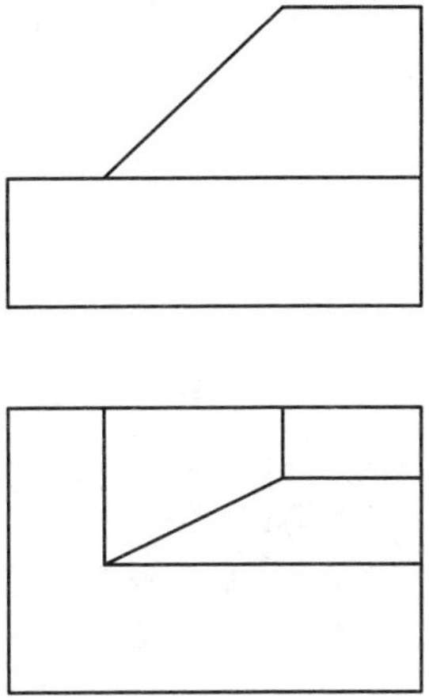

（4）

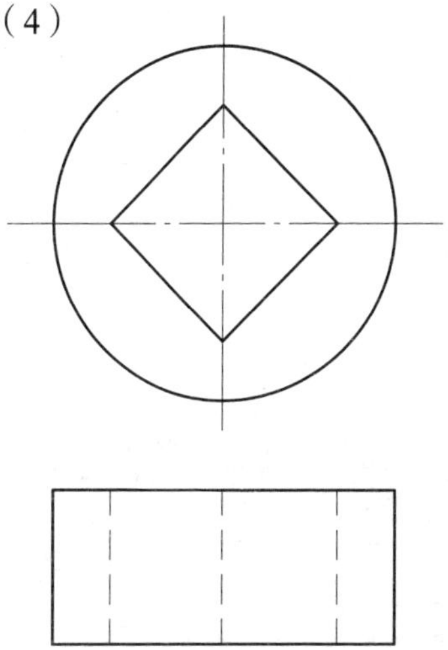

班级________学号________姓名____________

2-1-4 根据两视图补画第三视图，绘制正等轴测图（尺寸从图中量取，取整数）

（1）

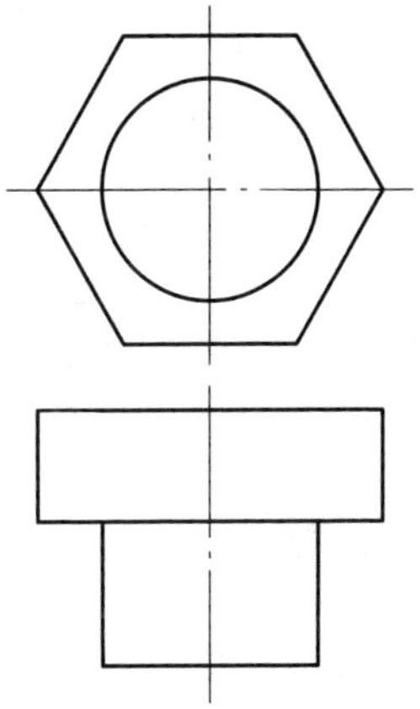

（2）

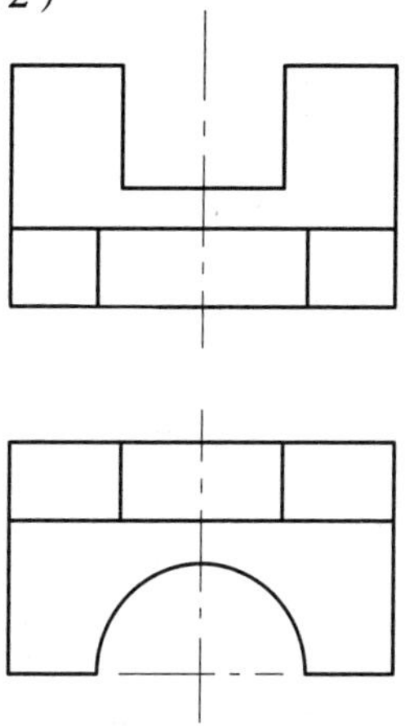

（3）

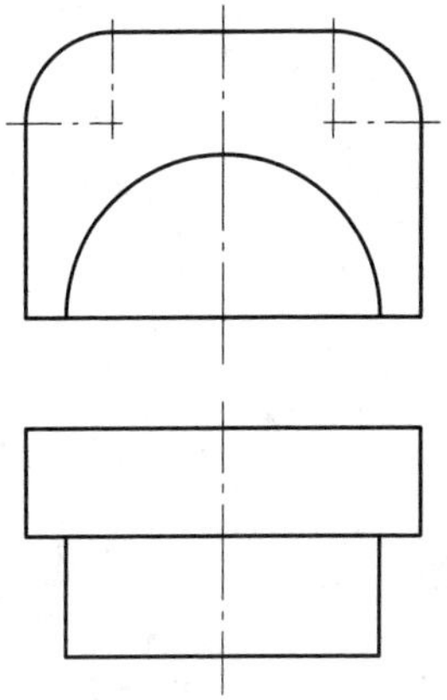

（4）

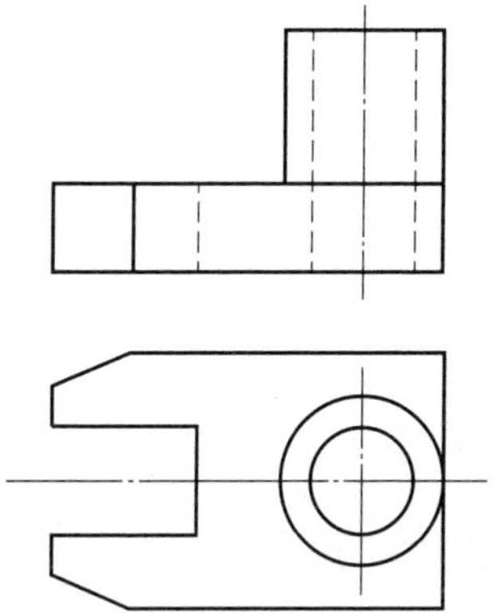

班级________学号________姓名__________

2-2-1　看懂两视图，绘制斜二等轴测图（尺寸从图中量取，取整数；同步训练）

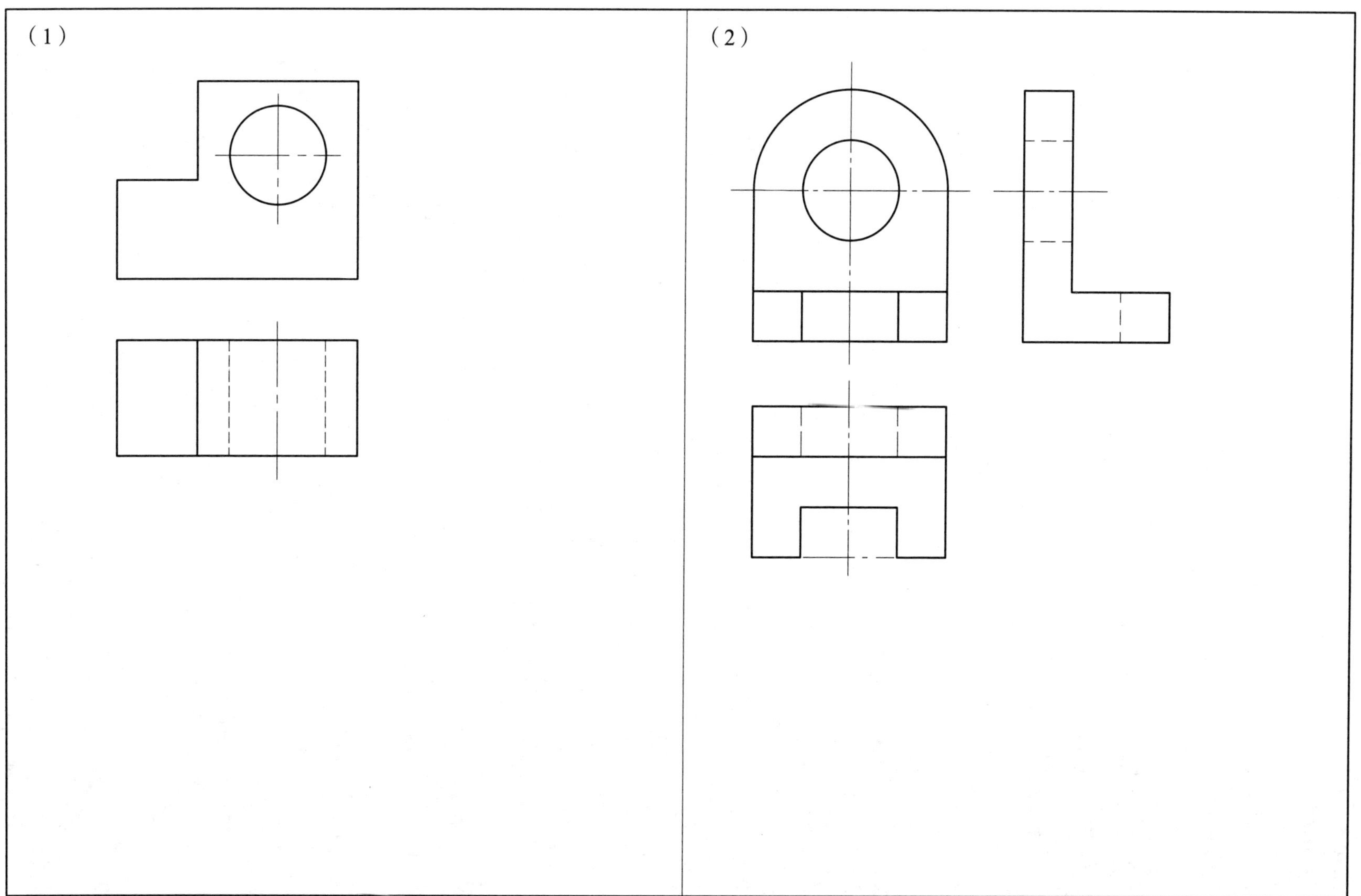

班级________学号________姓名___________

2-2-2　看懂两视图，绘制斜二等轴测图（尺寸从图中量取，取整数）

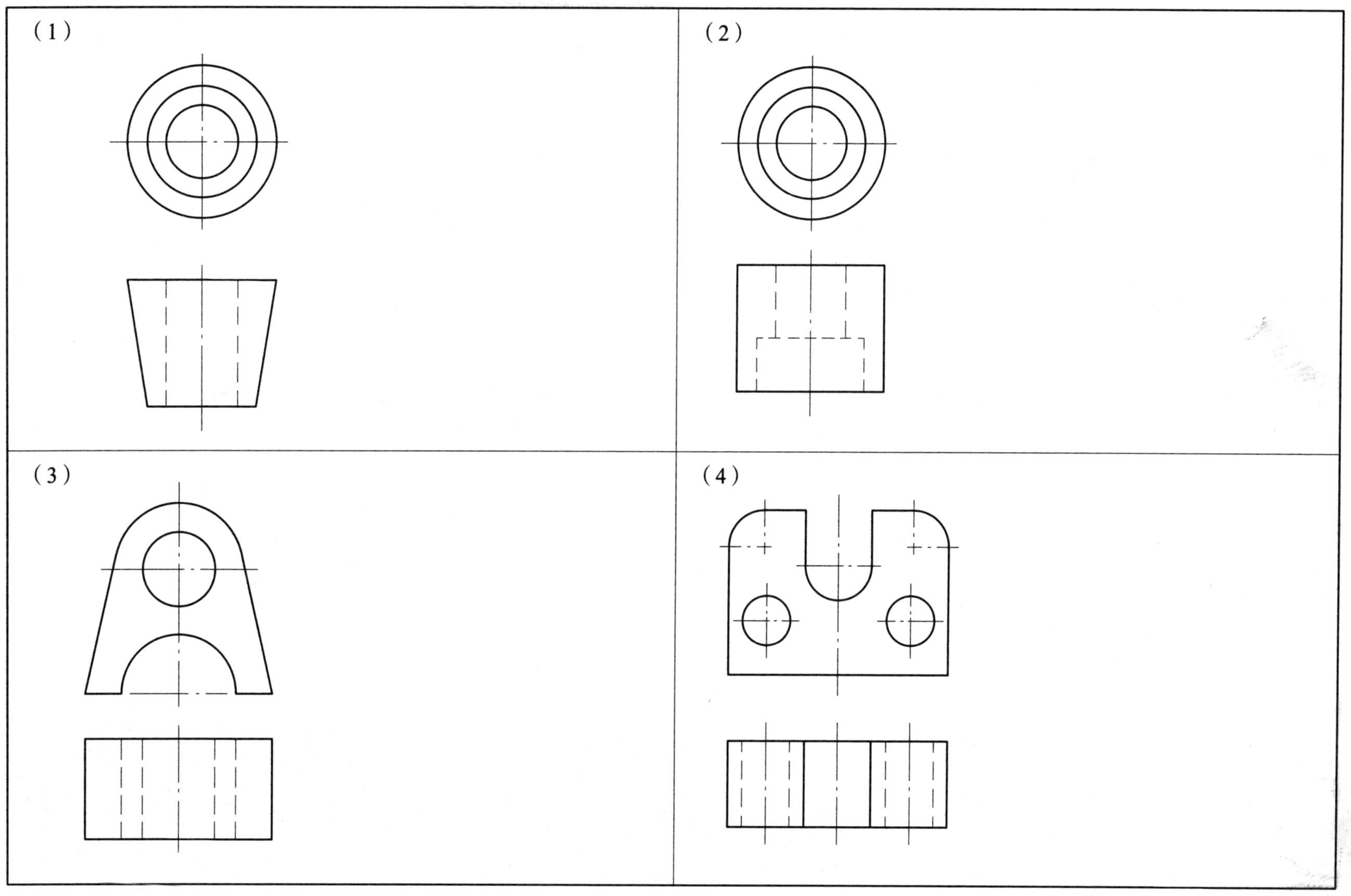

班级________学号________姓名____________

2-2-3 根据两视图补画第三视图，绘制斜二等轴测图（尺寸从图中量取，取整数）

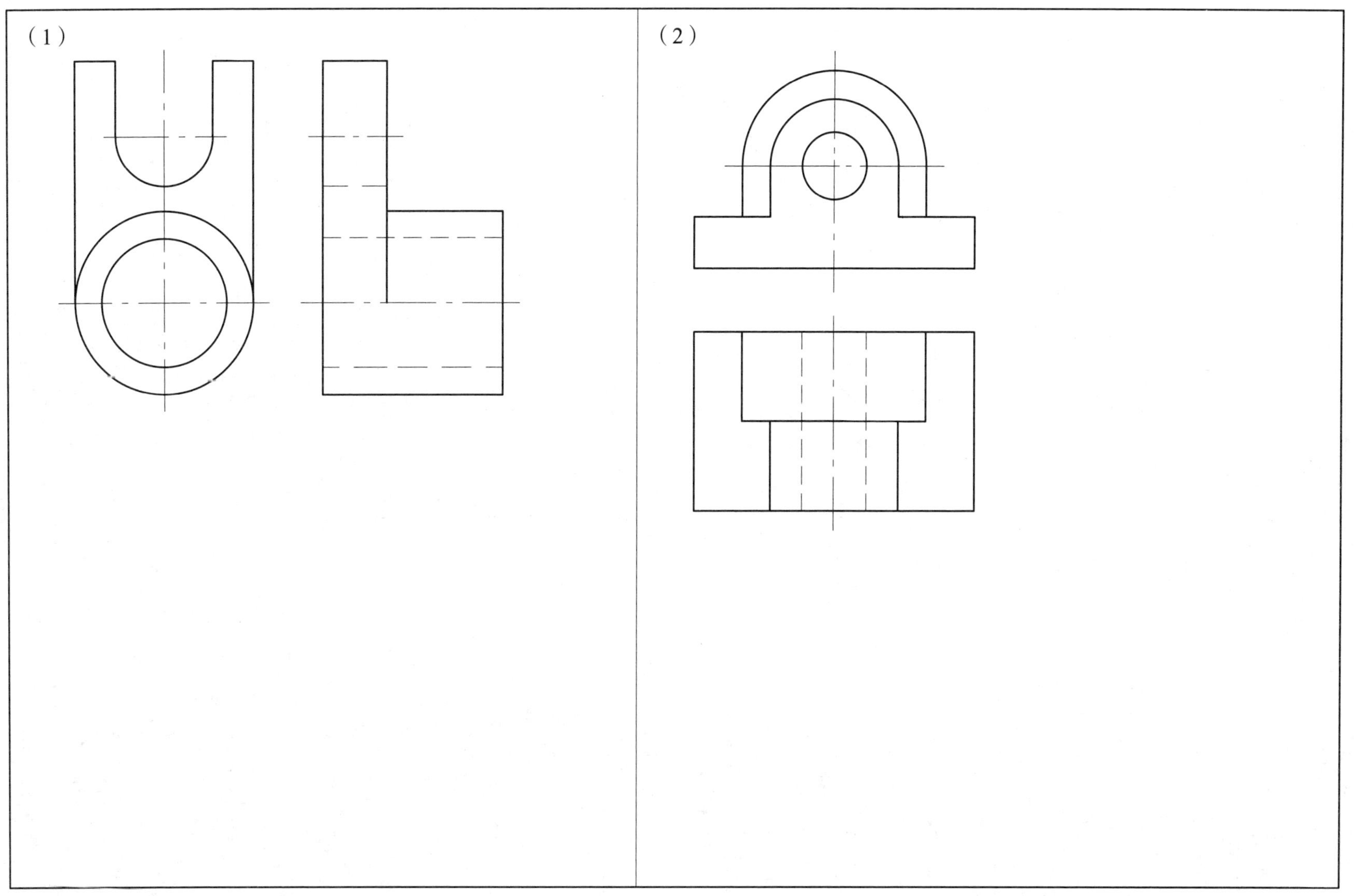

班级________学号________姓名__________

第三章　截交线与相贯线

3-1-1　根据截割圆柱体的两视图补画第三视图

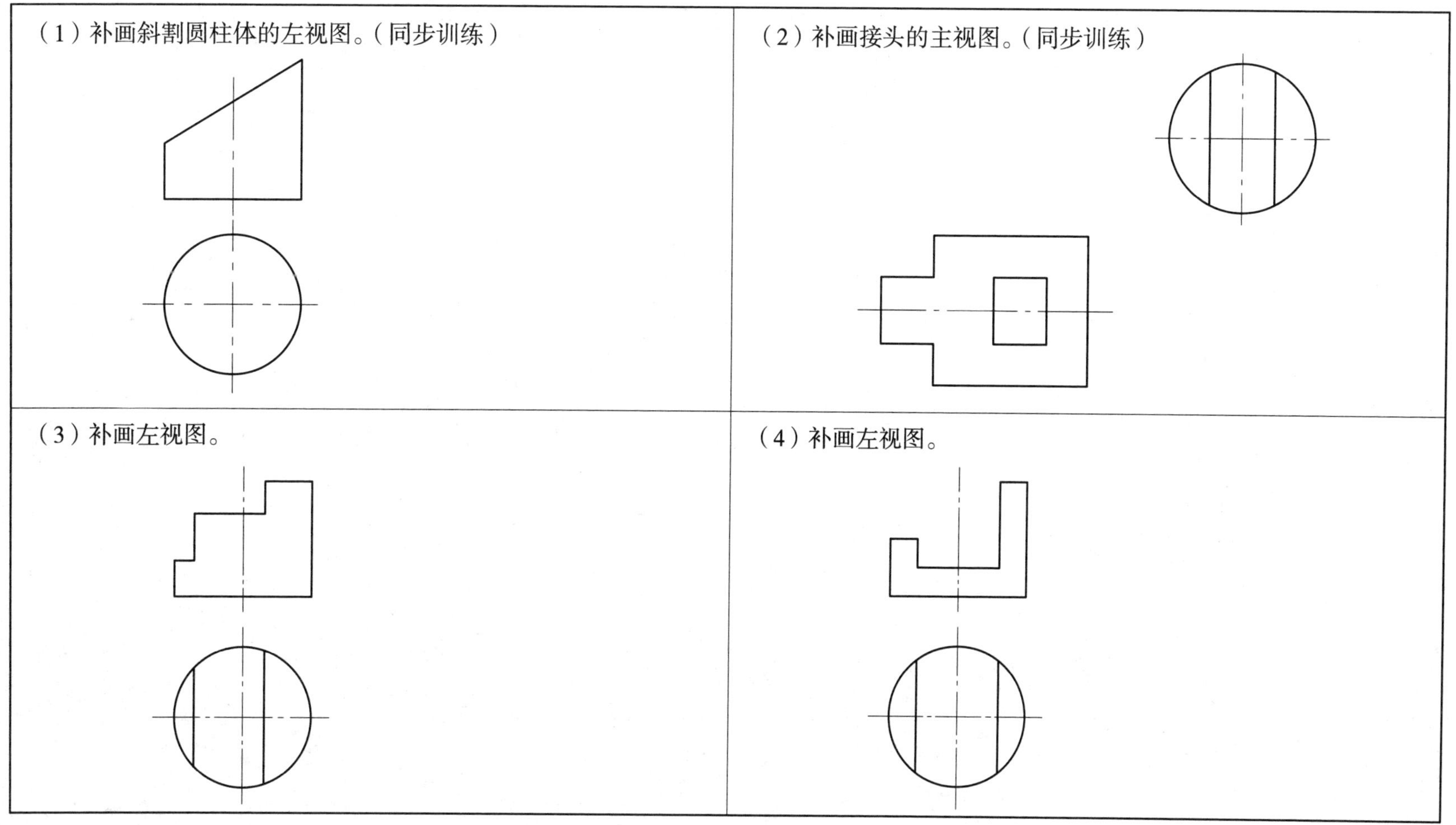

班级________学号________姓名____________

3–1–2　根据截割圆柱体的两视图补画第三视图

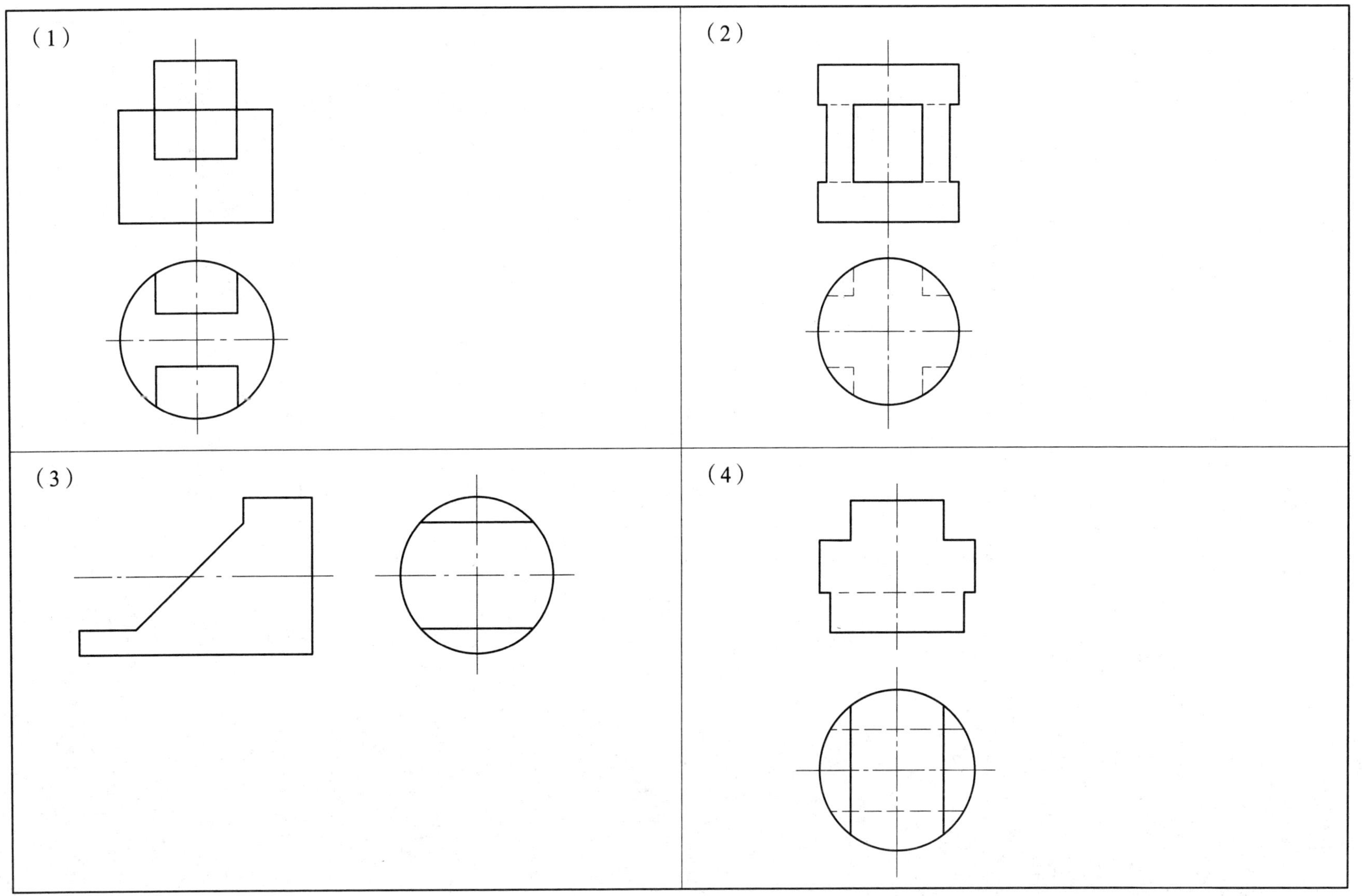

班级________学号________姓名__________

3-1-3　根据截割圆柱体的两视图补画第三视图

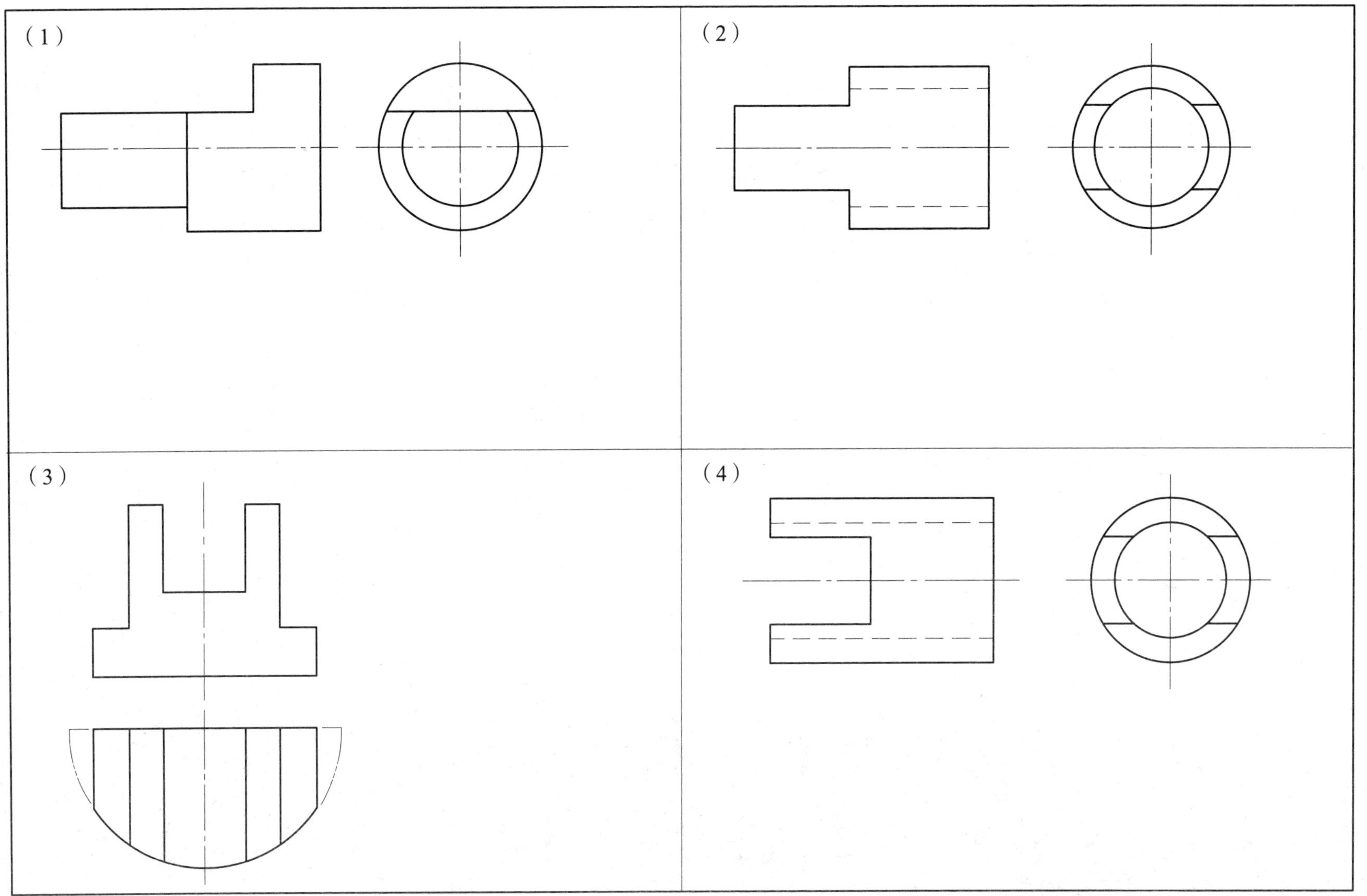

班级________学号________姓名__________

3-2-1　补画主视图上的相贯线及漏画的其他图线

（1）补画主视图上的相贯线。（同步训练）

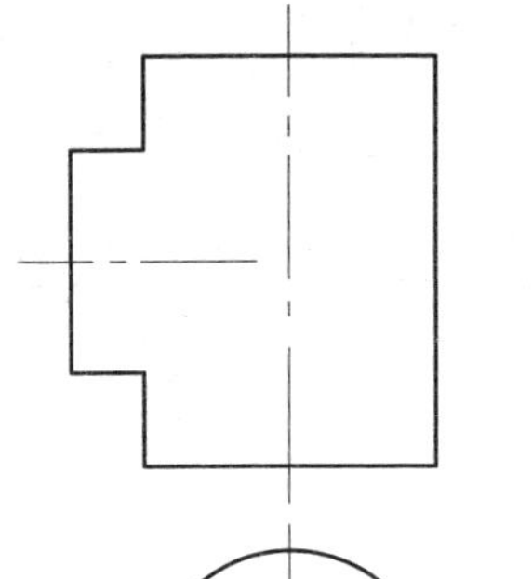

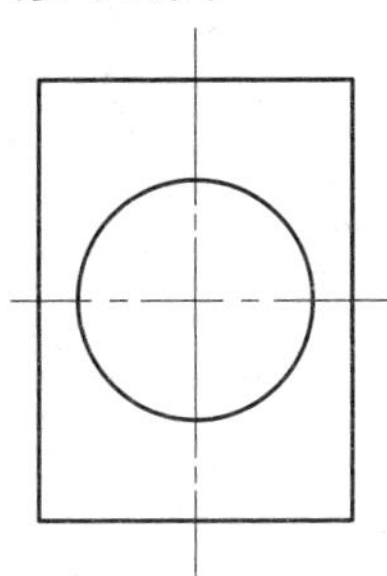

（2）补画主视图上的缺线。（同步训练）

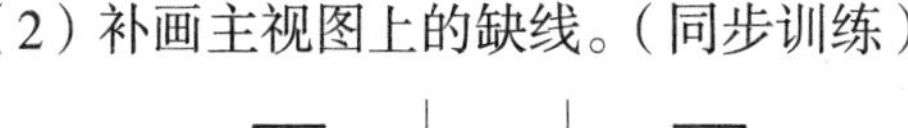

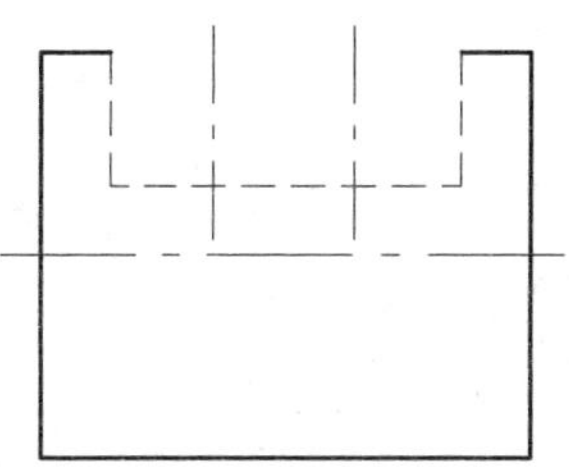

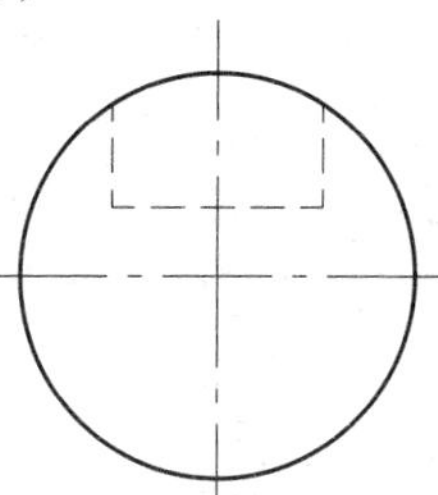

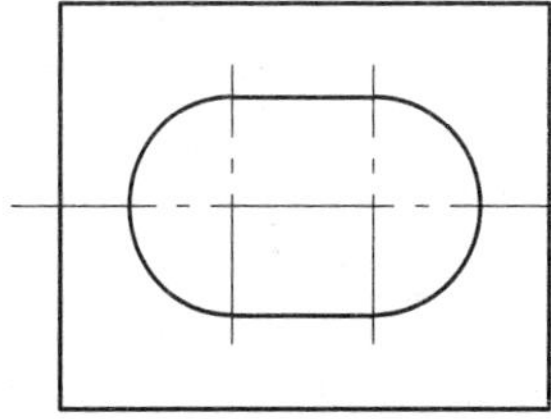

（3）补画主视图上的缺线。

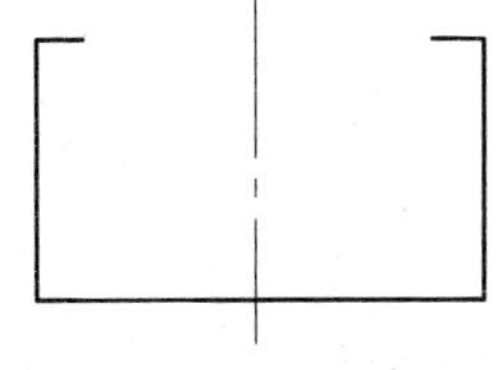

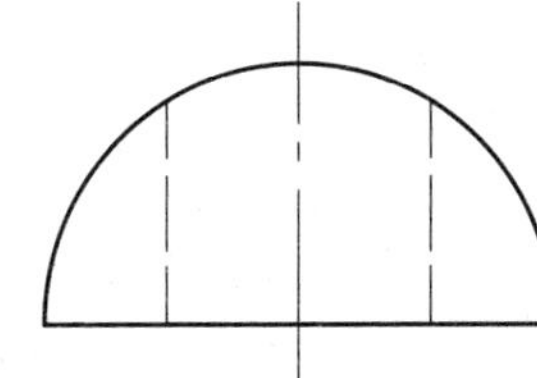

（4）补画主视图上的缺线。

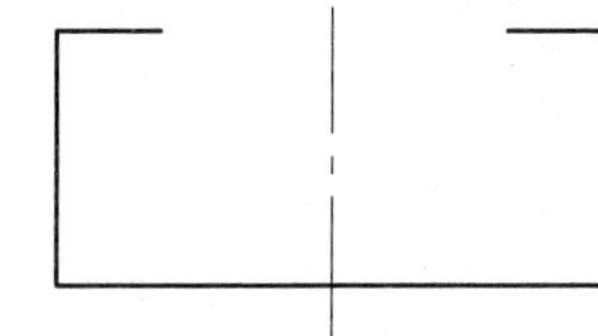

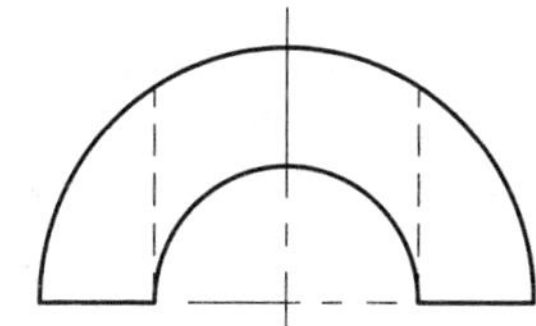

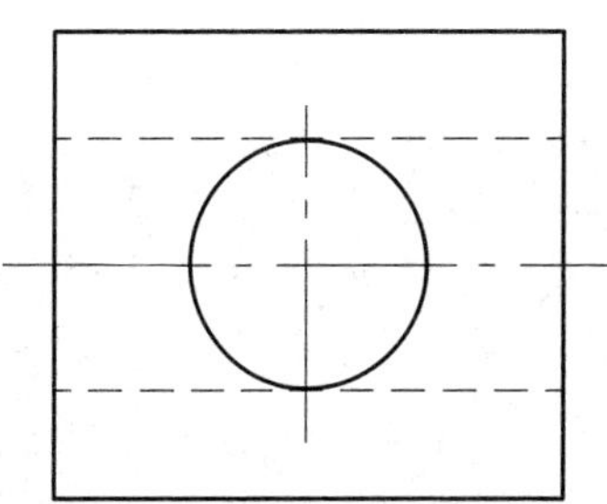

班级________学号________姓名____________

3-2-2　根据两视图，补画第三视图

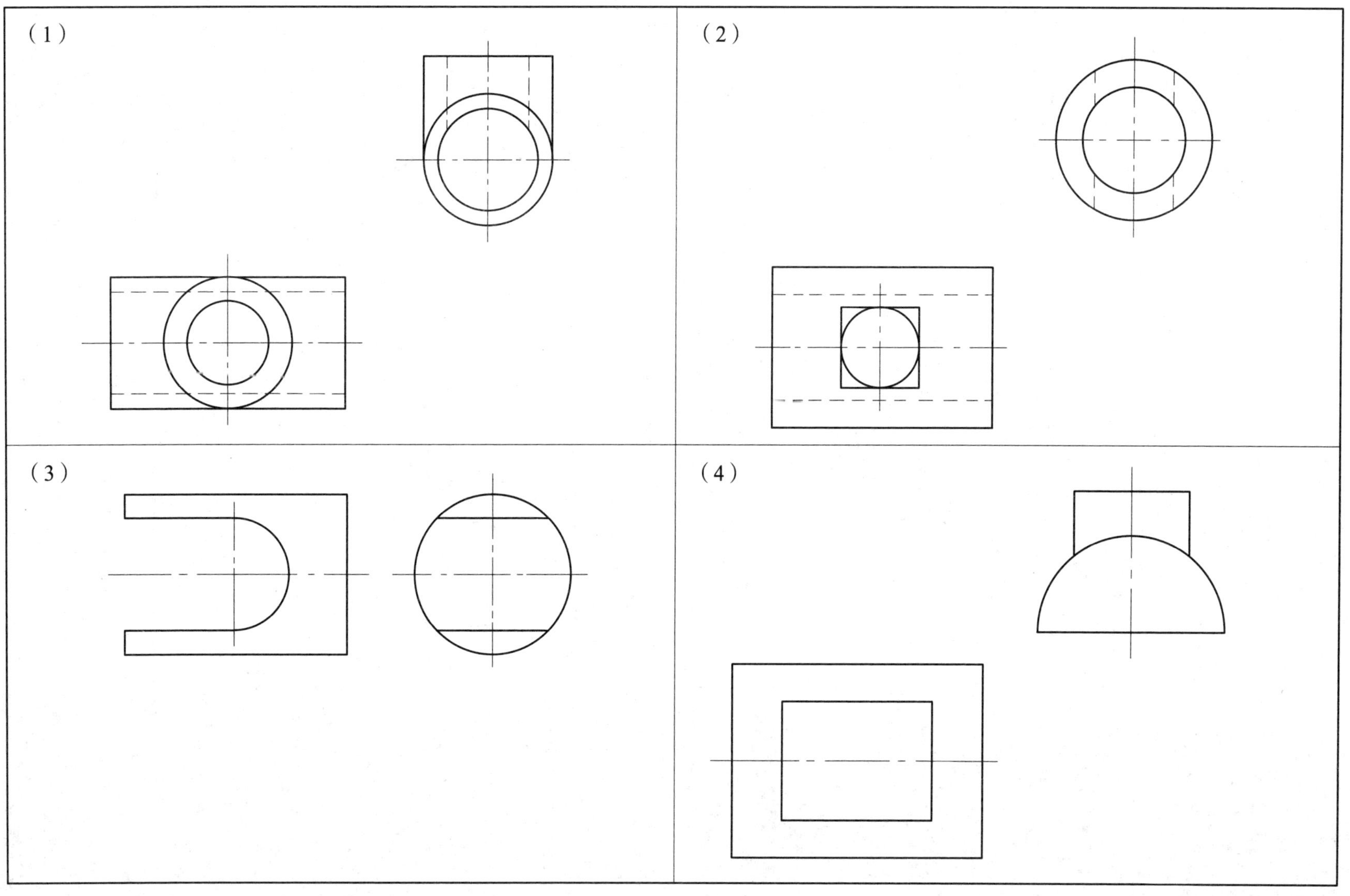

班级________学号________姓名____________

3-2-3 根据两视图，补画第三视图

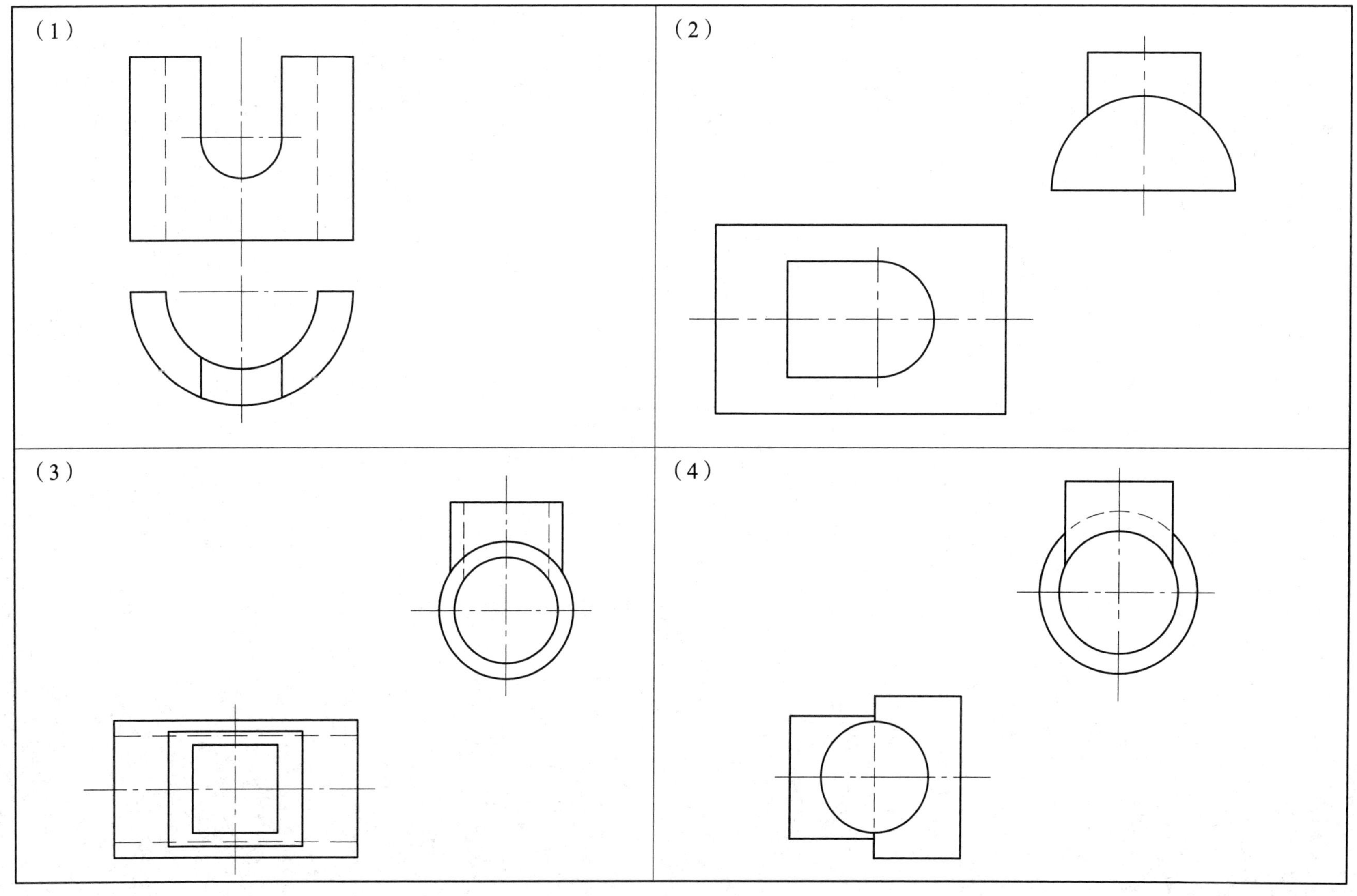

班级________学号________姓名____________

3-2-4　根据两视图，补画第三视图

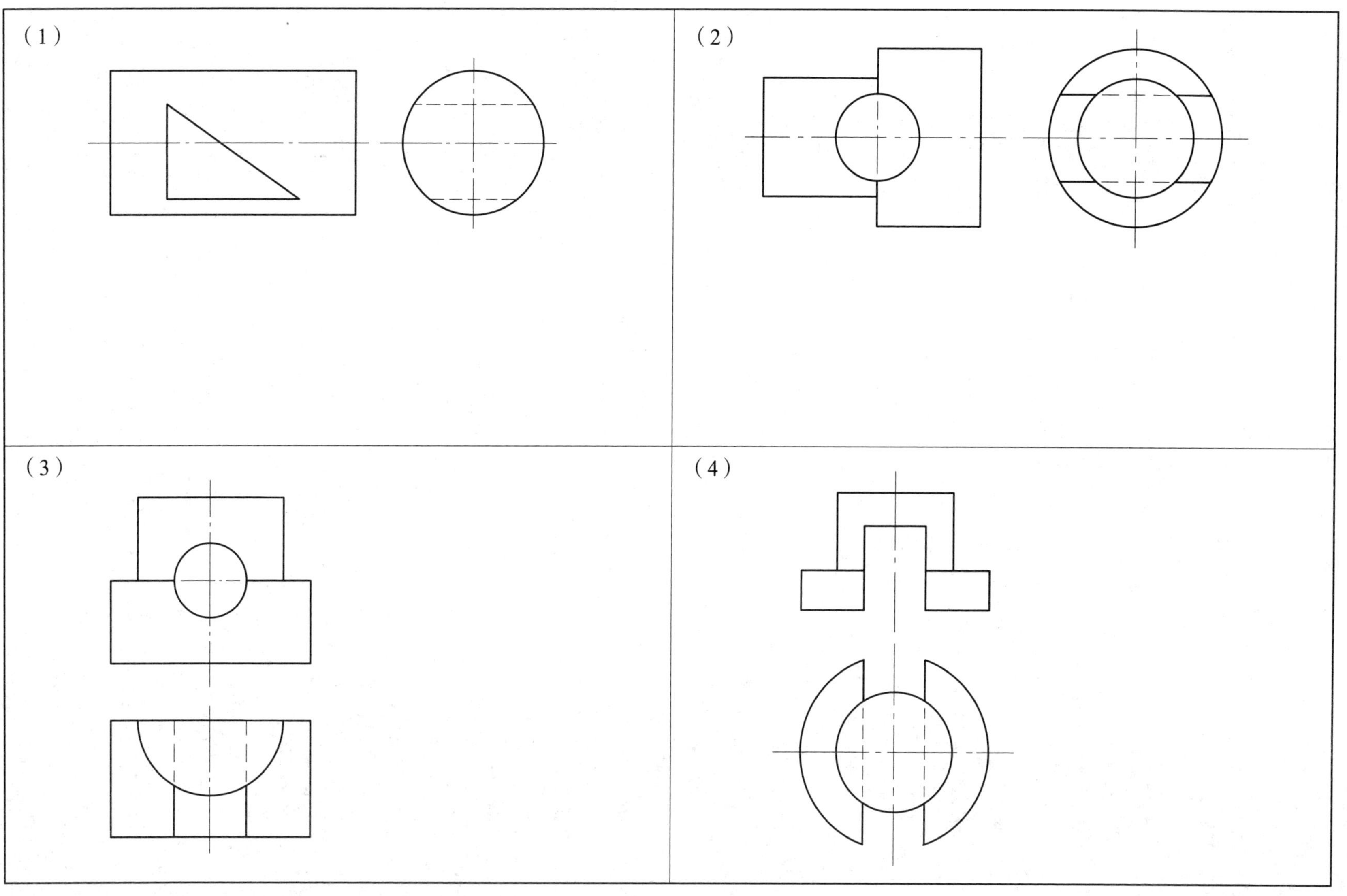

班级________学号________姓名____________

第四章 组 合 体

4-1-1 补画主视图上的缺线，绘制左视图

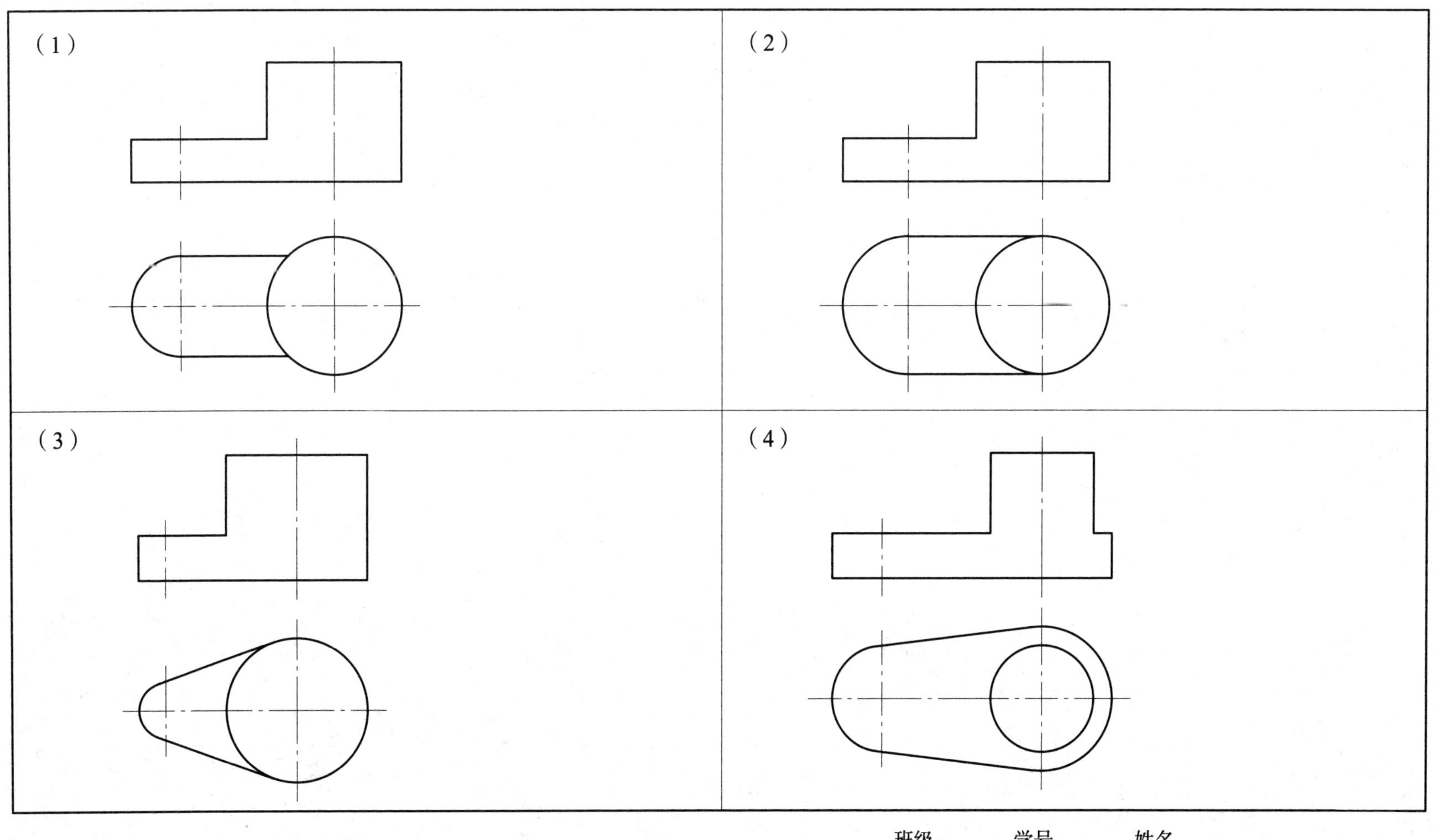

班级________学号________姓名____________

4-1-2　补画主视图上的缺线，绘制左视图

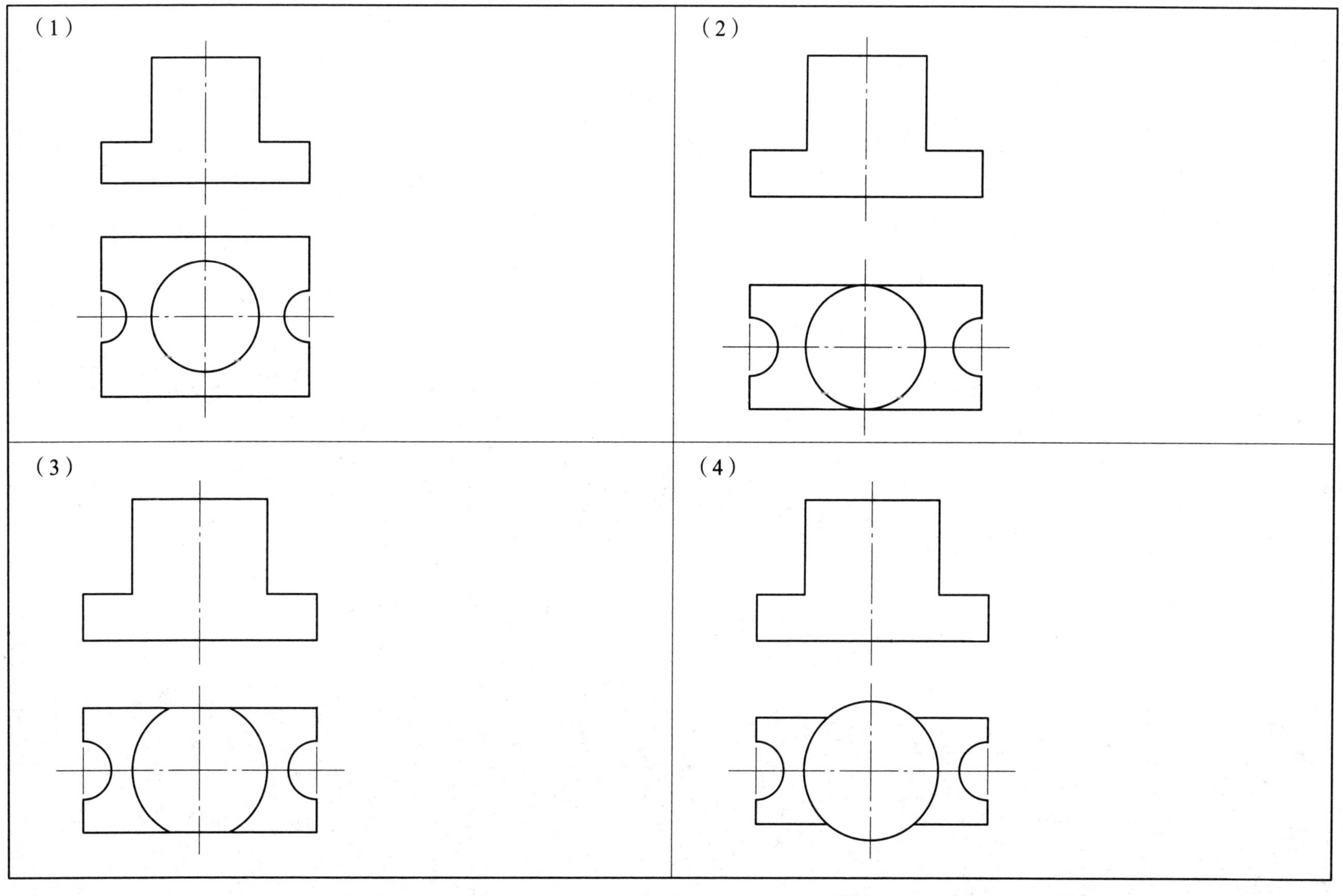

班级________学号________姓名____________

4-2-1 根据组合体的正等轴测图绘制三视图（尺寸从图中量取，取整数；同步训练）

（1）

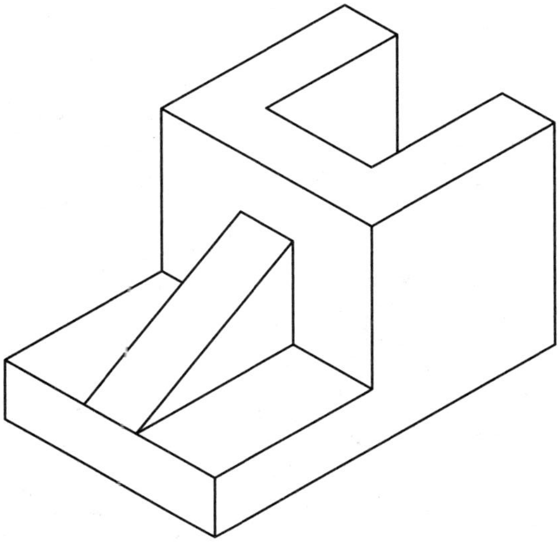

（图中槽为通槽）

（2）

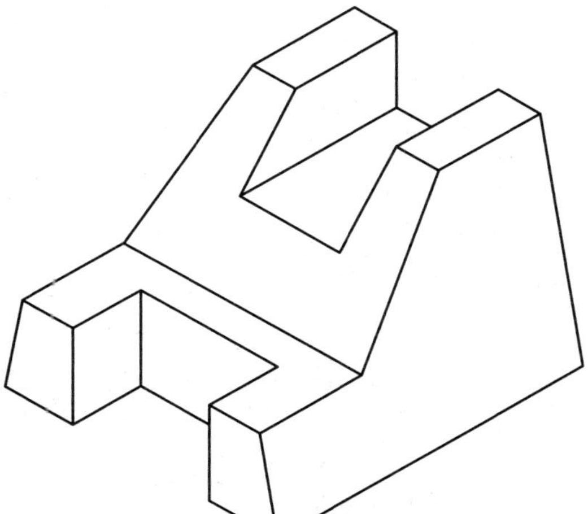

班级________学号________姓名____________

4-2-2　根据组合体的正等轴测图绘制三视图［尺寸从图中量取，取整数；题（1）为同步训练］

（1）

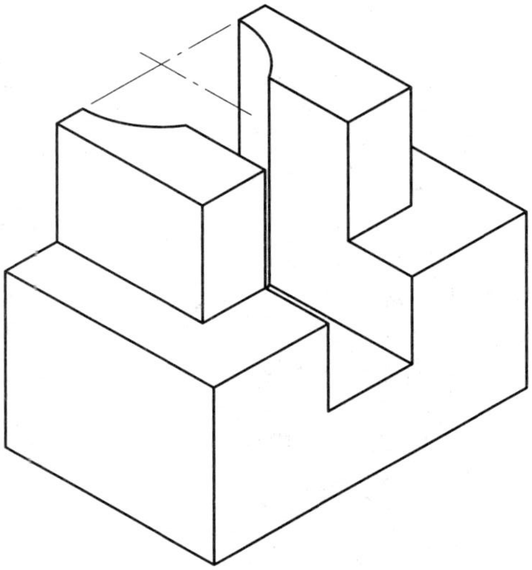

（图中槽为通槽）

（2）

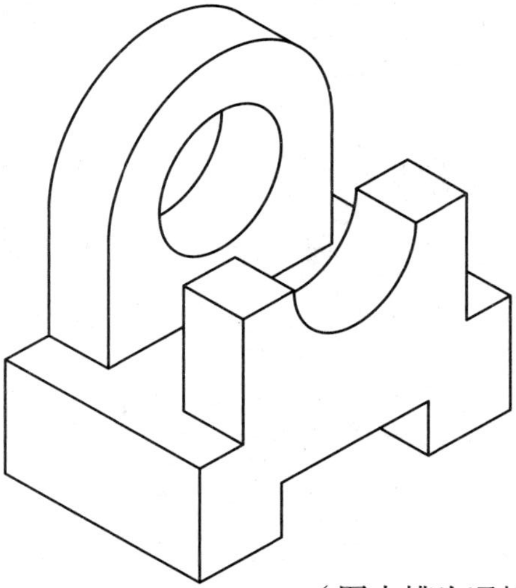

（图中槽为通槽）

班级________学号________姓名____________

4-2-3 根据组合体的正等轴测图绘制三视图（尺寸从图中量取，取整数）

（1）

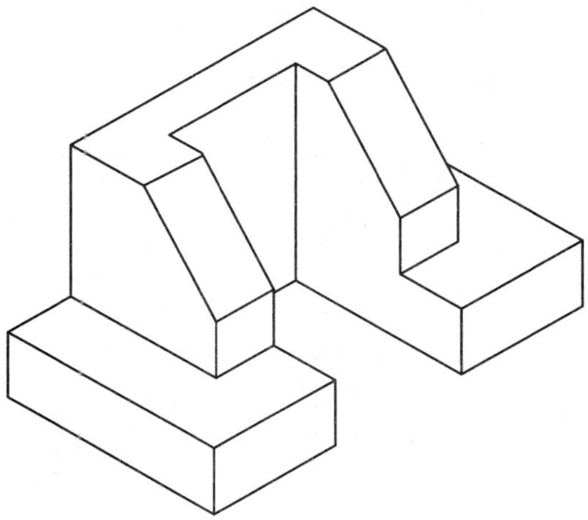

（2）

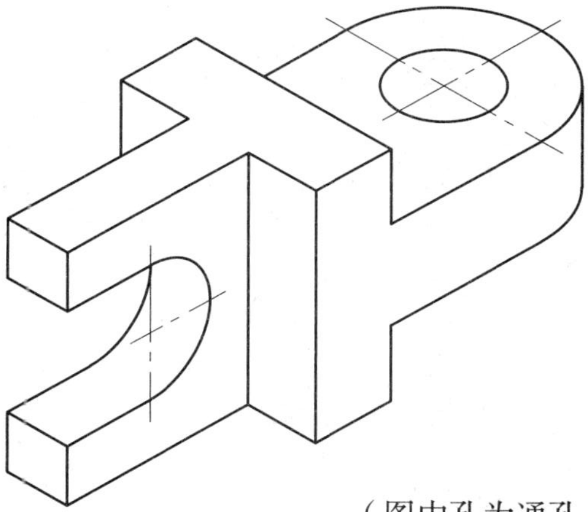

（图中孔为通孔）

班级________学号________姓名____________

4-2-4　根据组合体的正等轴测图绘制三视图（尺寸从图中量取，取整数）

（1）

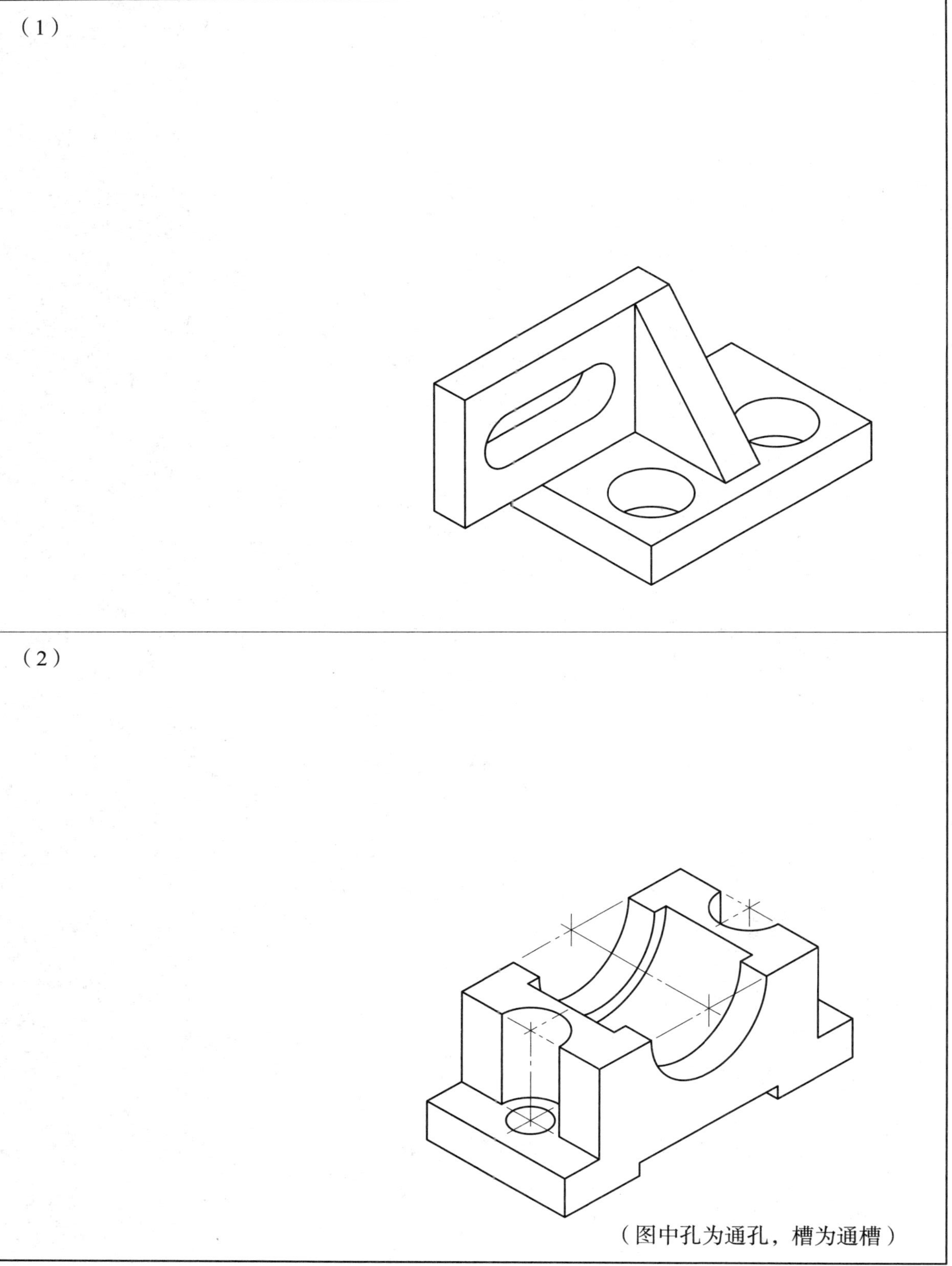

（2）

（图中孔为通孔，槽为通槽）

班级________学号________姓名____________

4-2-5　根据组合体的正等轴测图绘制三视图（尺寸从图中量取，取整数）

（1）

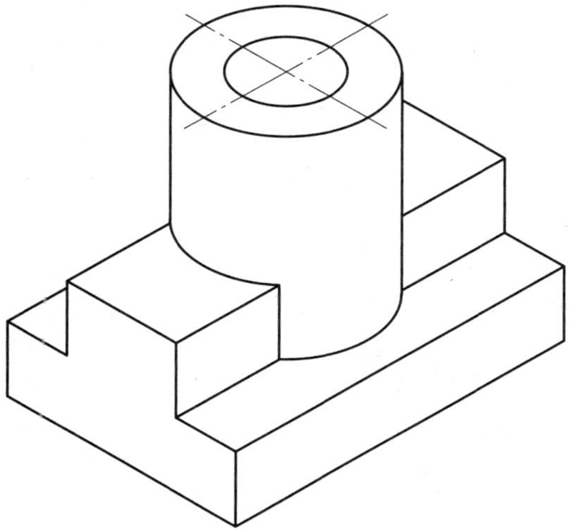

（图中孔为通孔）

（2）

（图中槽为通槽）

班级________学号________姓名____________

4-2-6　根据组合体的正等轴测图绘制三视图（尺寸从图中量取，取整数）

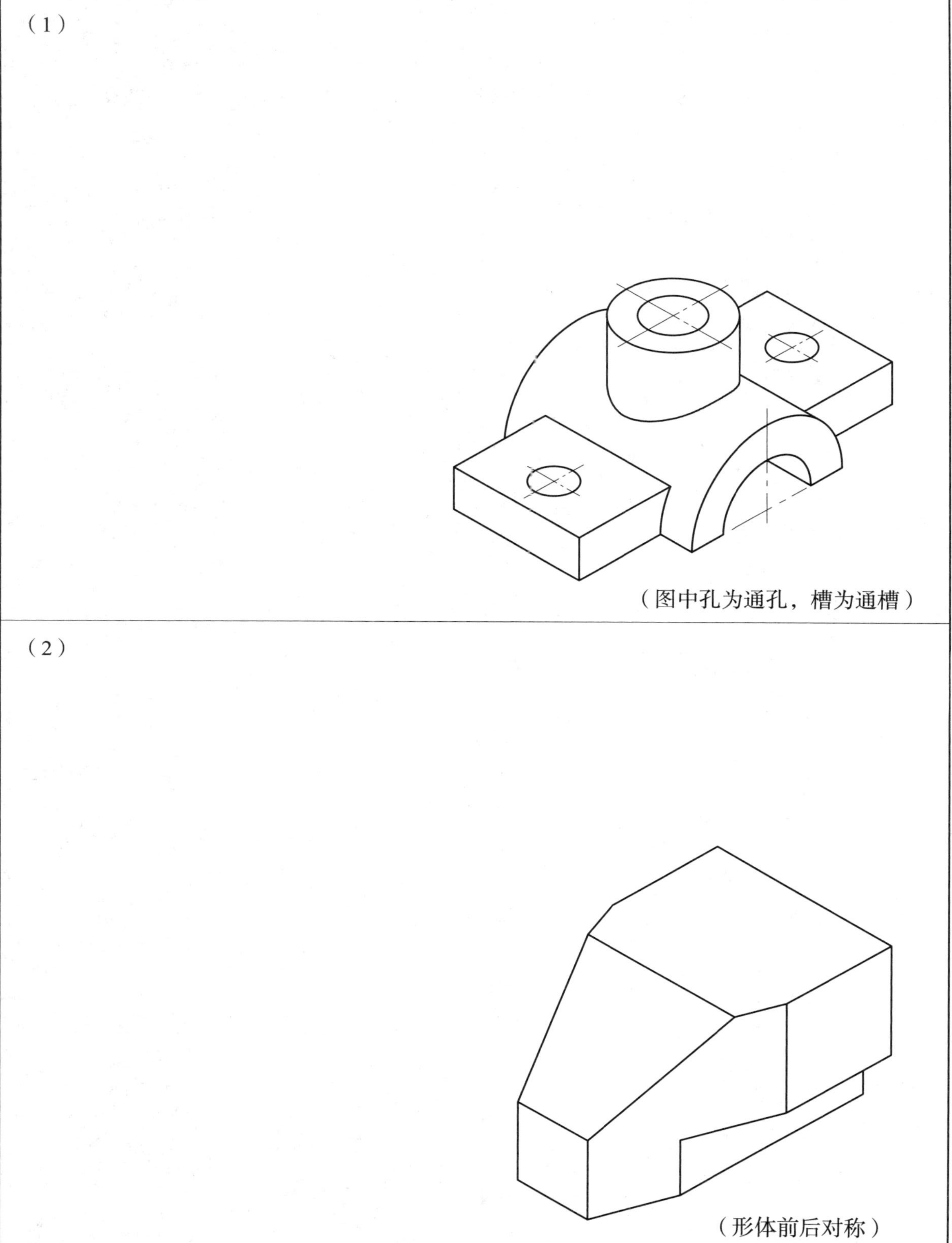

（1）

（图中孔为通孔，槽为通槽）

（2）

（形体前后对称）

班级________学号________姓名____________

4-3-1　补画视图或缺线（同步训练）

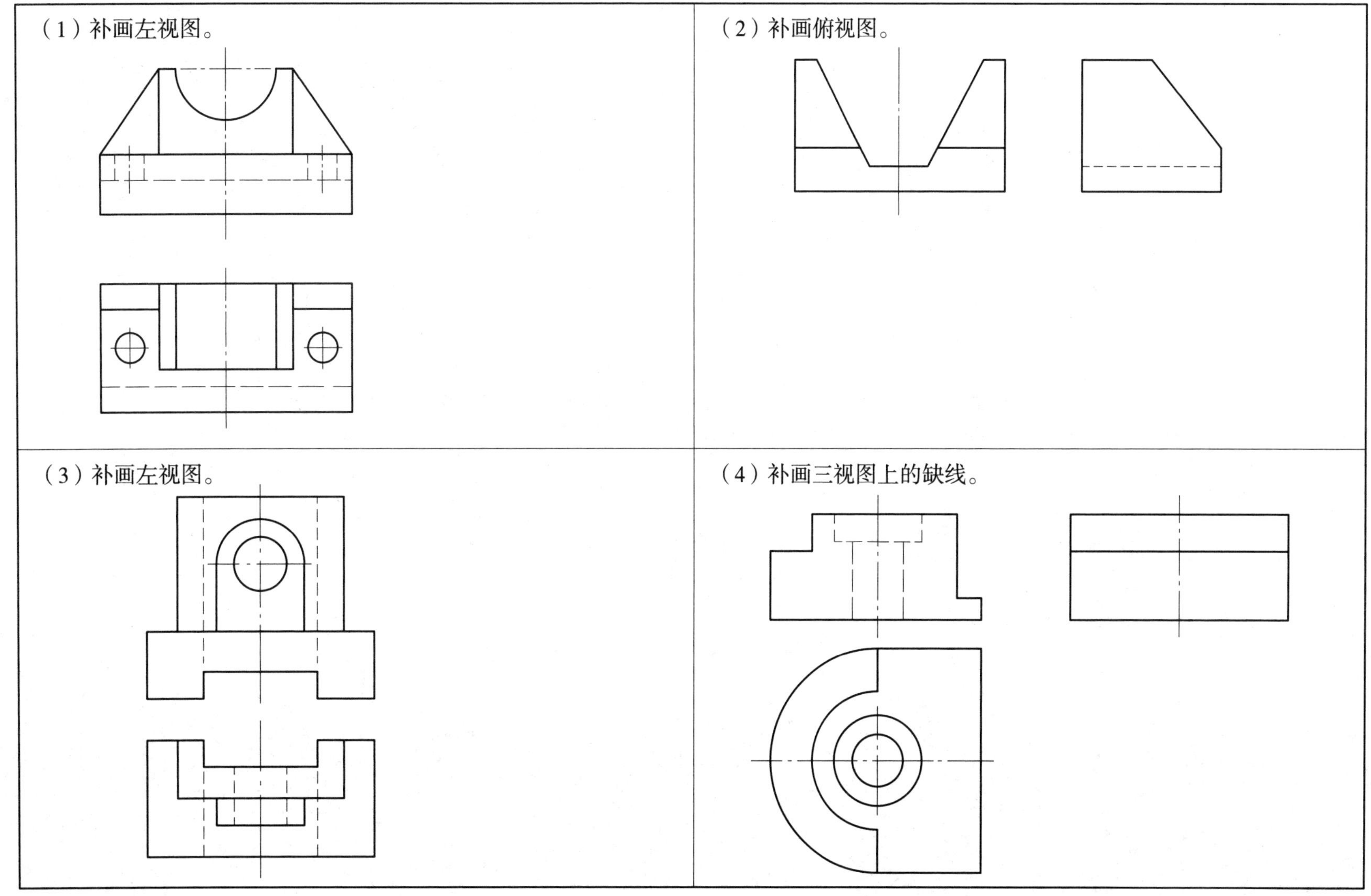

班级________学号________姓名____________

4-3-2 根据两视图，补画第三视图

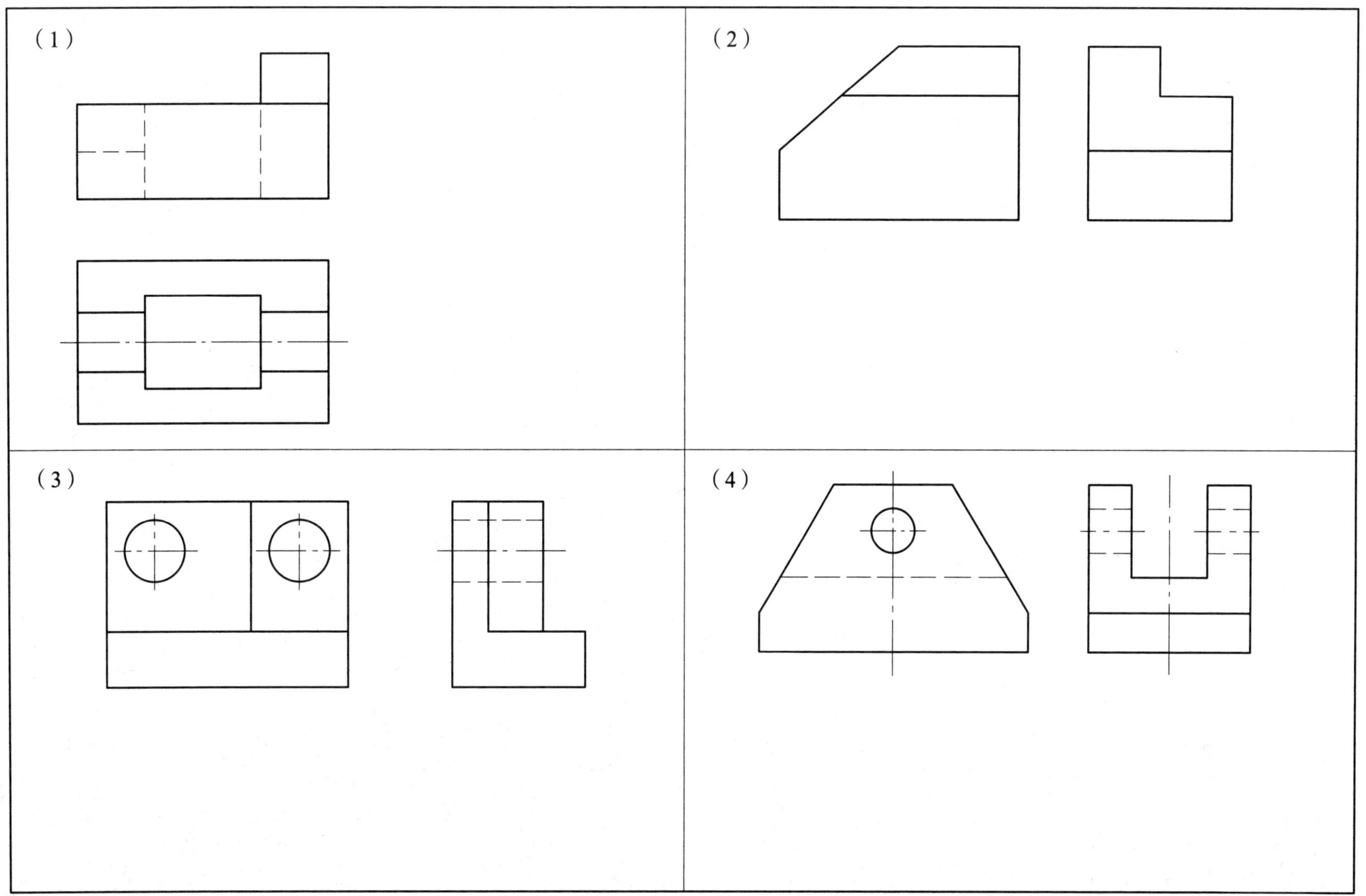

班级________ 学号________ 姓名__________

4-3-3　根据两视图，补画第三视图

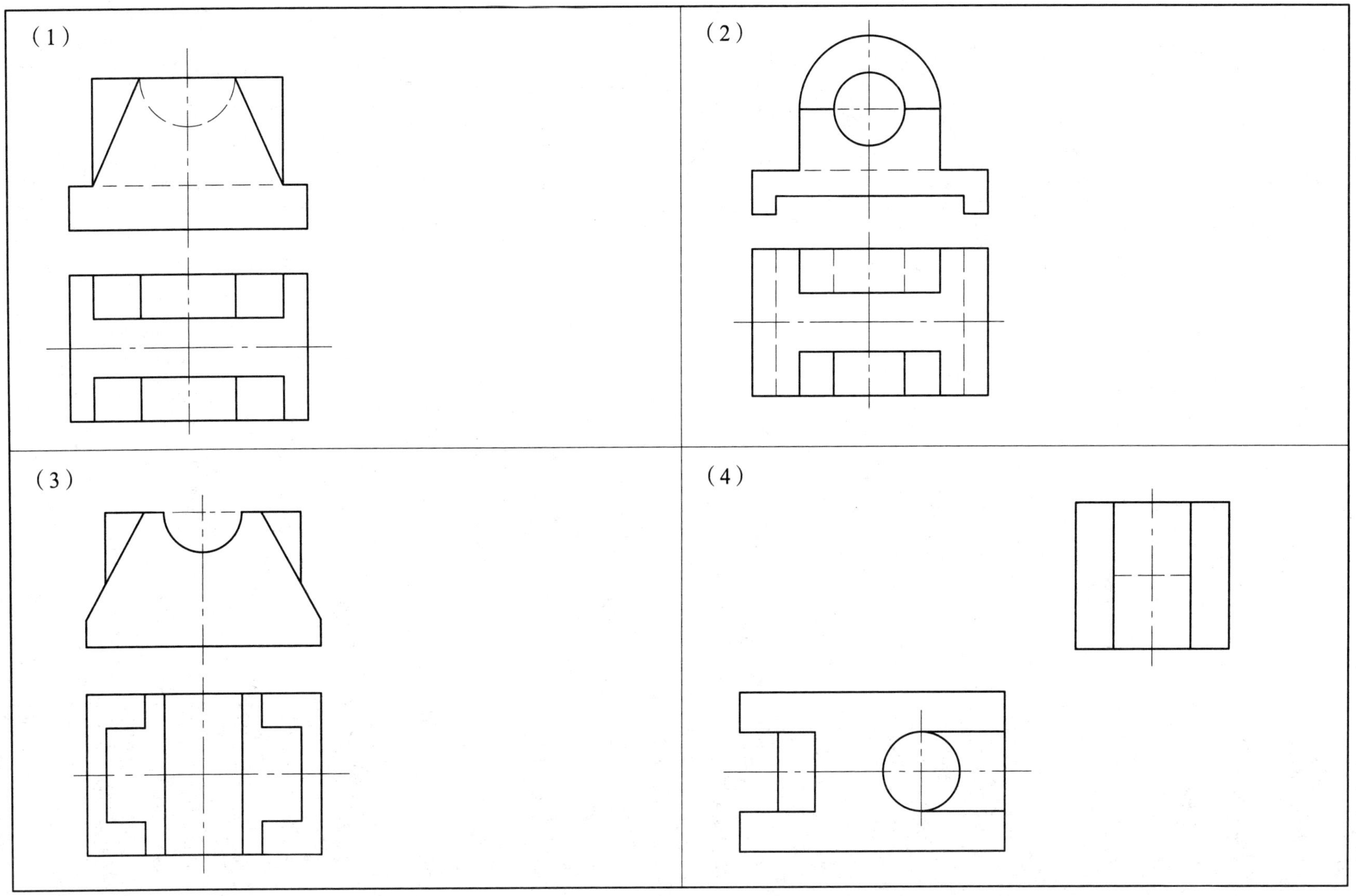

班级________学号________姓名____________

4-3-4 补画三视图中的缺线

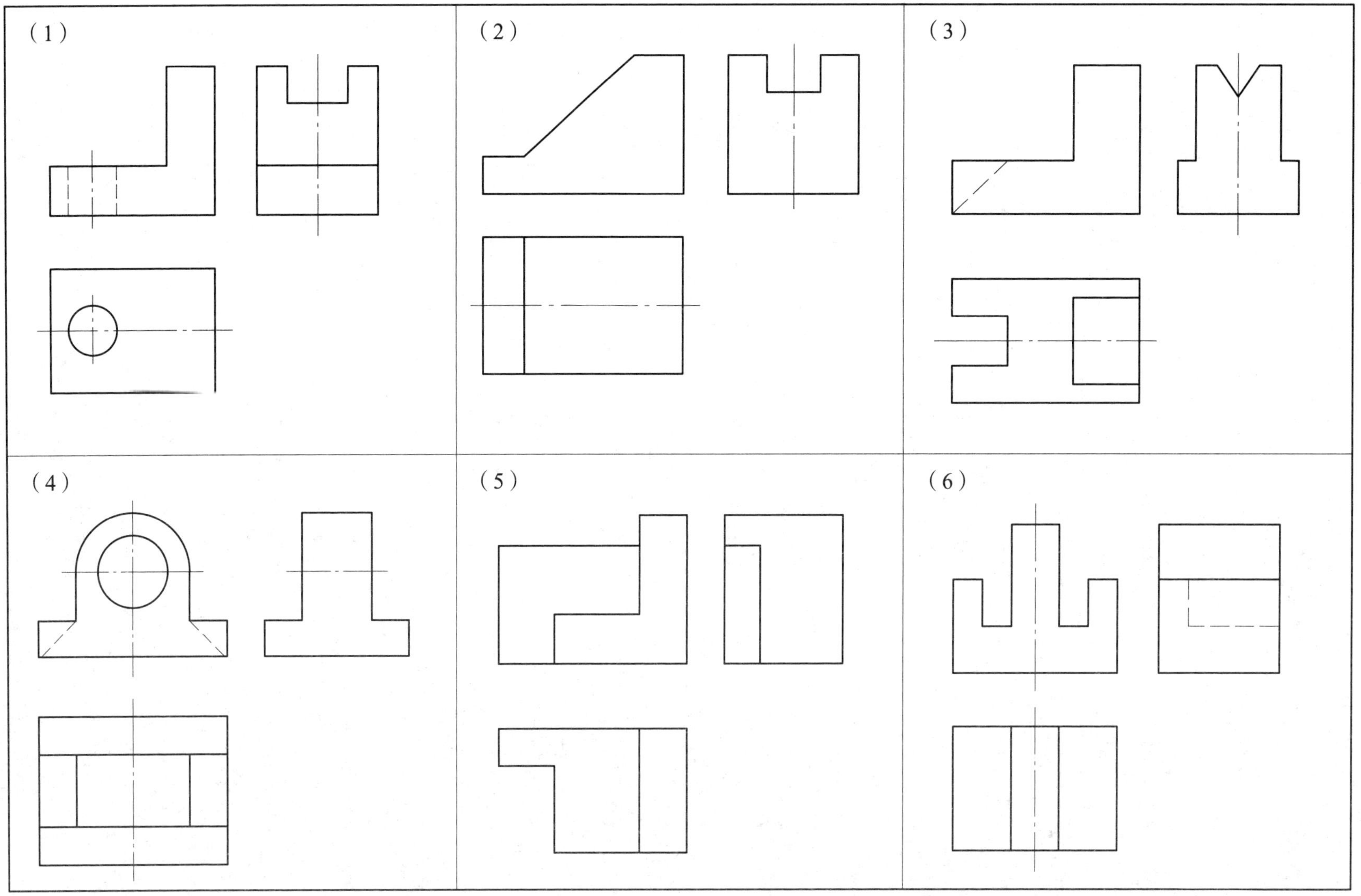

班级________ 学号________ 姓名__________

4-3-5　根据两视图，补画第三视图

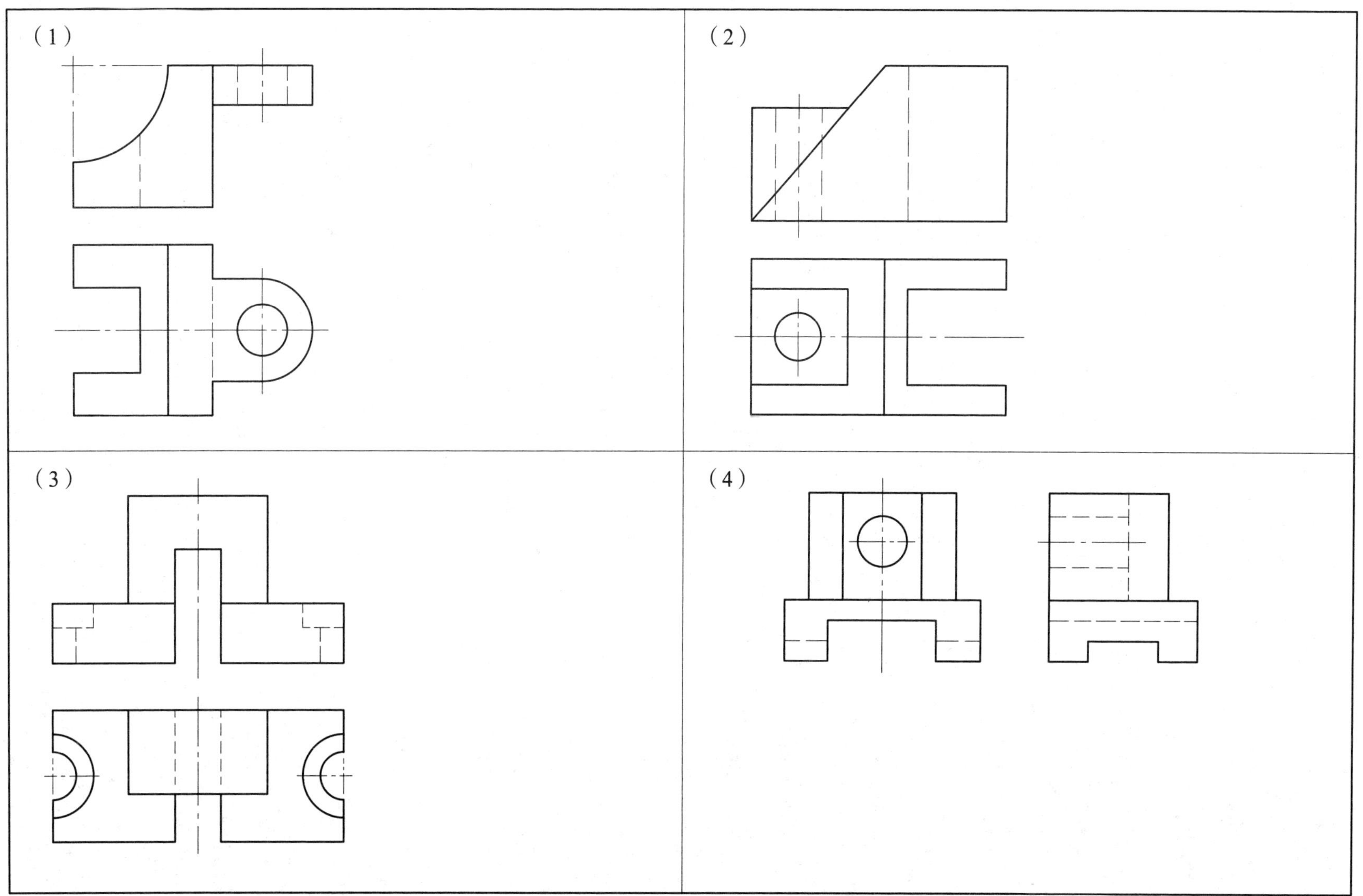

班级________学号________姓名__________

4-3-6　补画三视图中的缺线

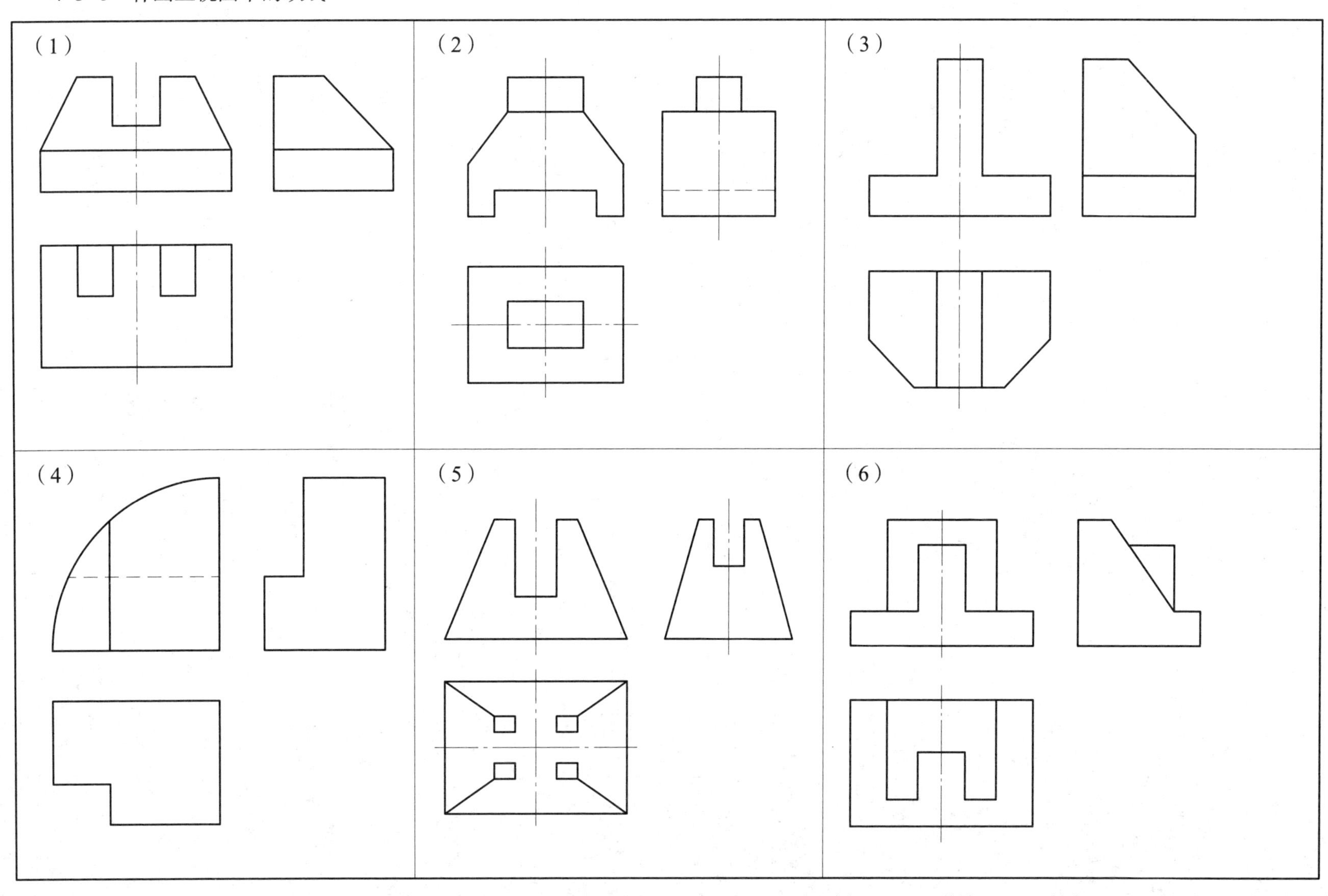

班级________ 学号________ 姓名____________

4-3-7　根据两视图，补画第三视图

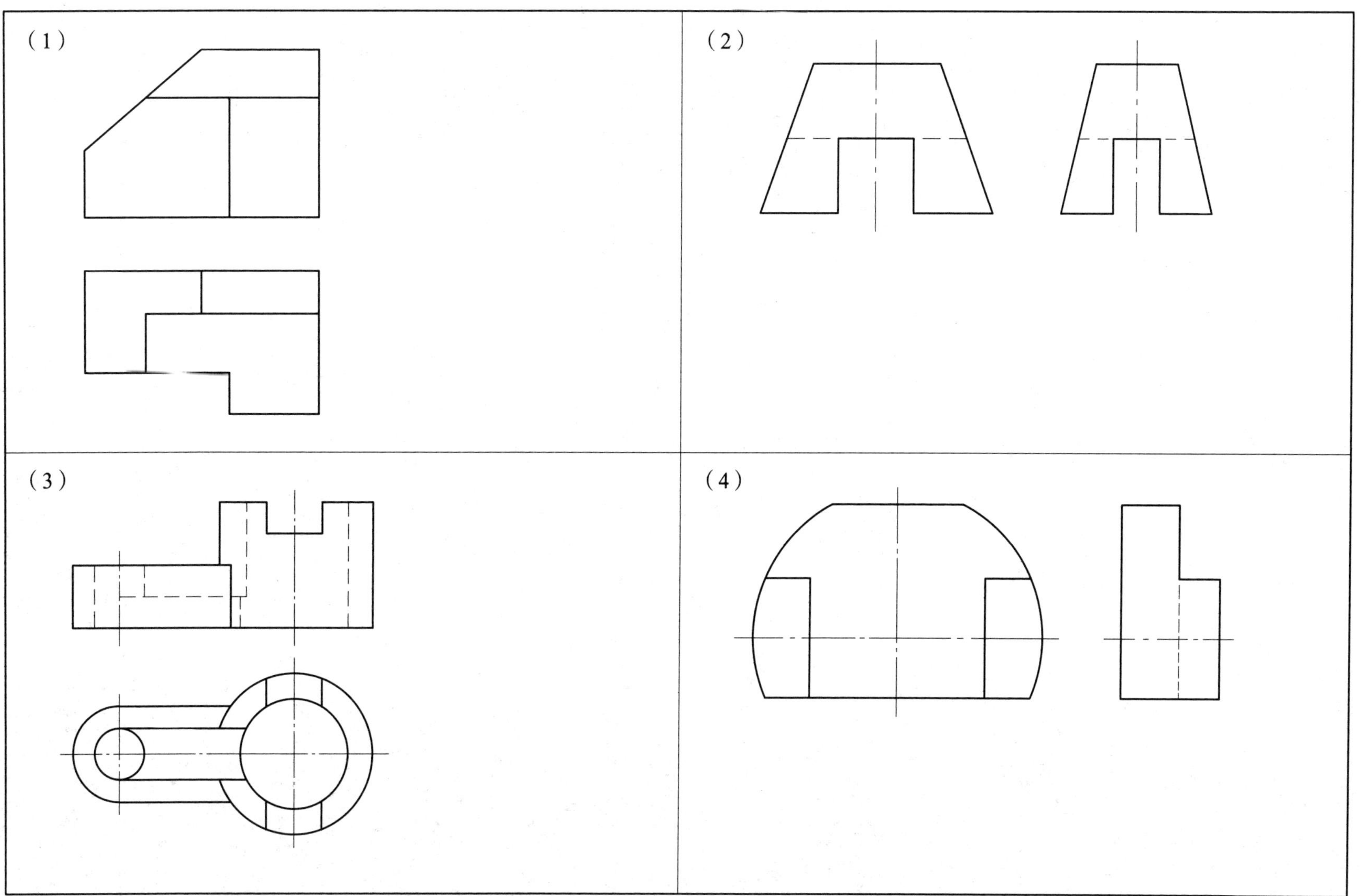

班级________学号________姓名__________

4-4-1 识读组合体视图上的尺寸，并填空

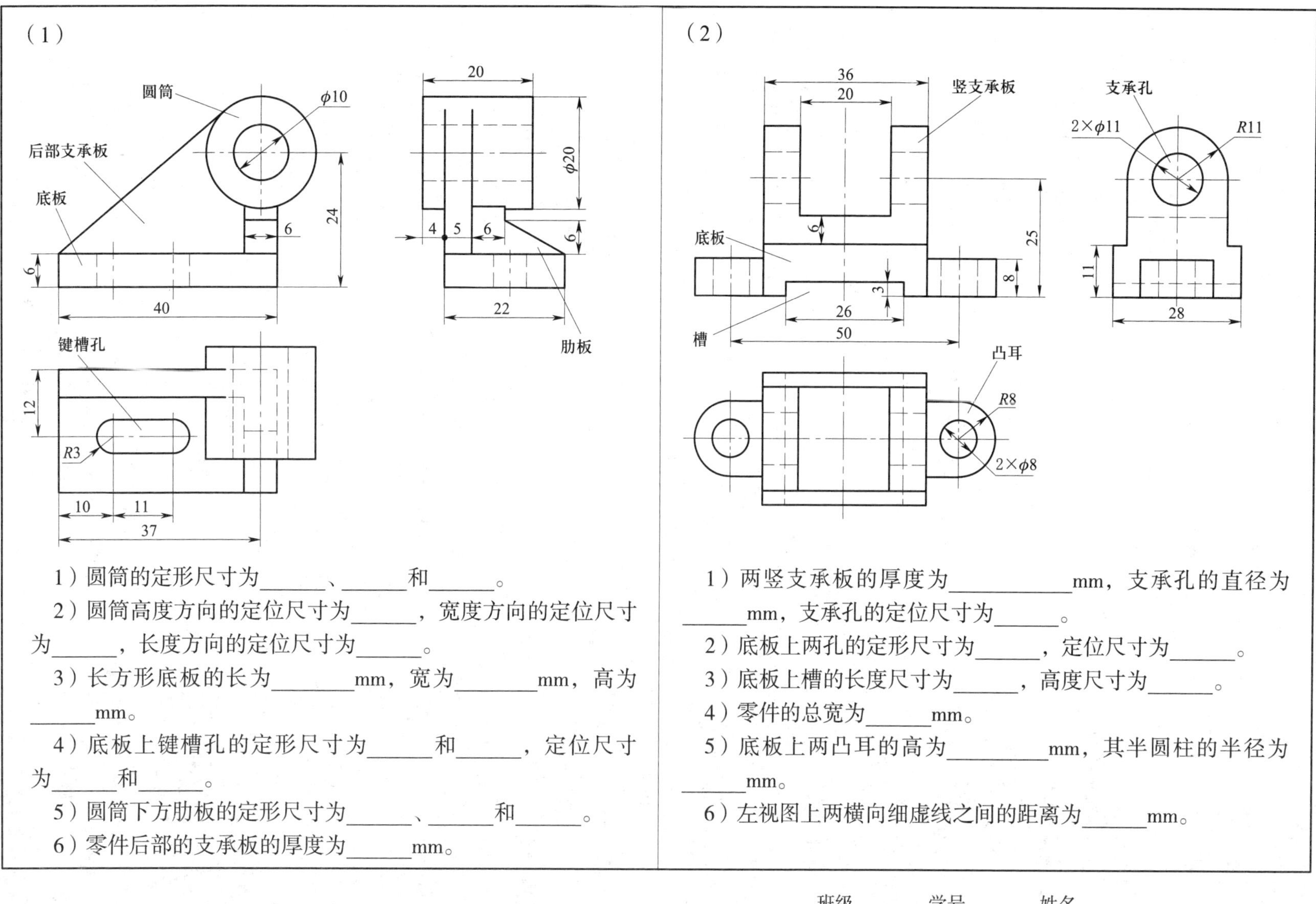

（1）

1）圆筒的定形尺寸为______、______和______。

2）圆筒高度方向的定位尺寸为______，宽度方向的定位尺寸为______，长度方向的定位尺寸为______。

3）长方形底板的长为________mm，宽为________mm，高为______mm。

4）底板上键槽孔的定形尺寸为______和______，定位尺寸为______和______。

5）圆筒下方肋板的定形尺寸为______、______和______。

6）零件后部的支承板的厚度为______mm。

（2）

1）两竖支承板的厚度为____________mm，支承孔的直径为______mm，支承孔的定位尺寸为______。

2）底板上两孔的定形尺寸为______，定位尺寸为______。

3）底板上槽的长度尺寸为______，高度尺寸为______。

4）零件的总宽为______mm。

5）底板上两凸耳的高为__________mm，其半圆柱的半径为______mm。

6）左视图上两横向细虚线之间的距离为______mm。

班级________学号________姓名____________

4-4-2　在三视图上标注尺寸（尺寸从图中量取，取整数；同步训练）

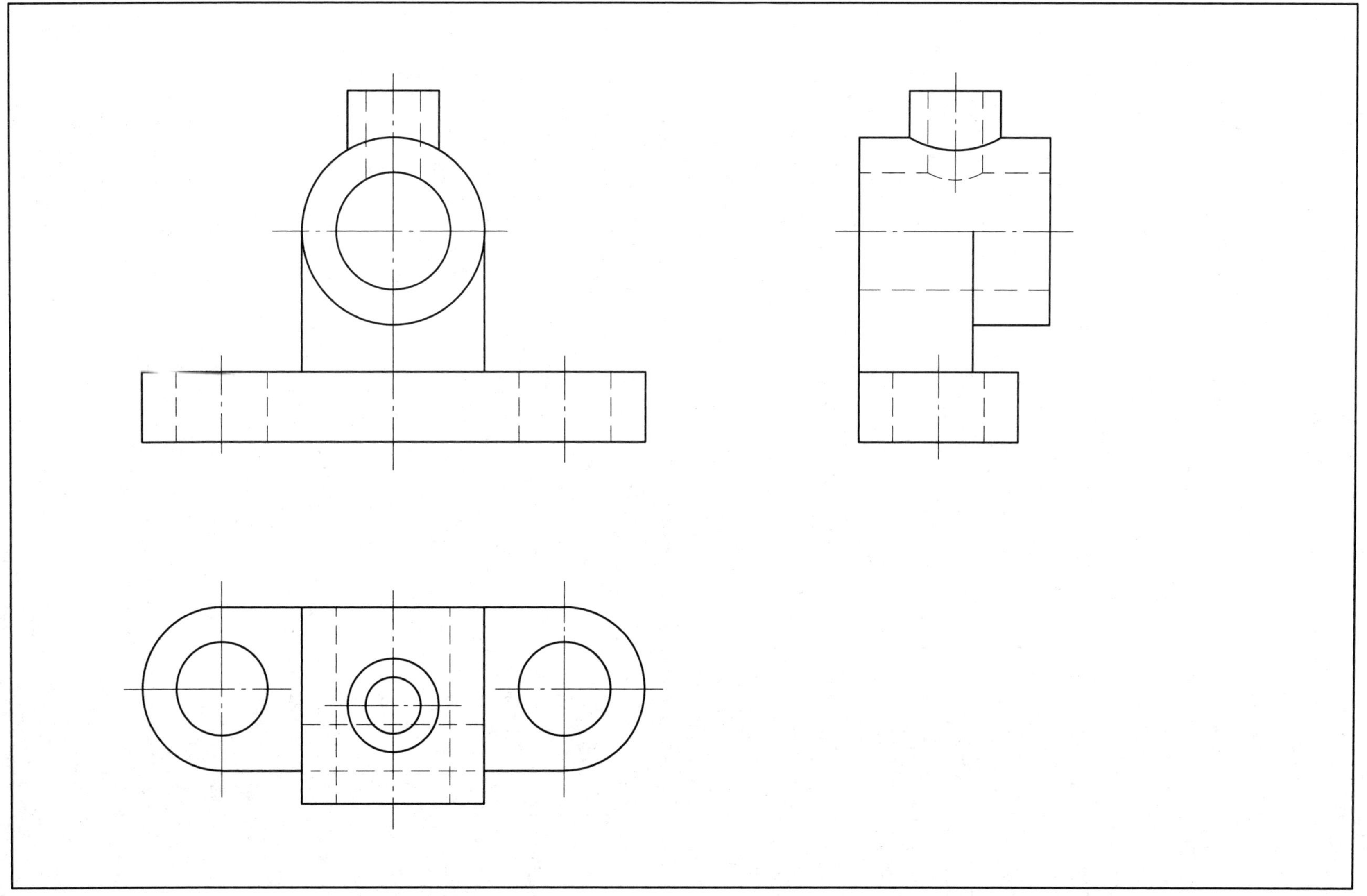

班级________学号________姓名___________

4-4-3　在视图上标注尺寸（尺寸从图中量取，取整数）

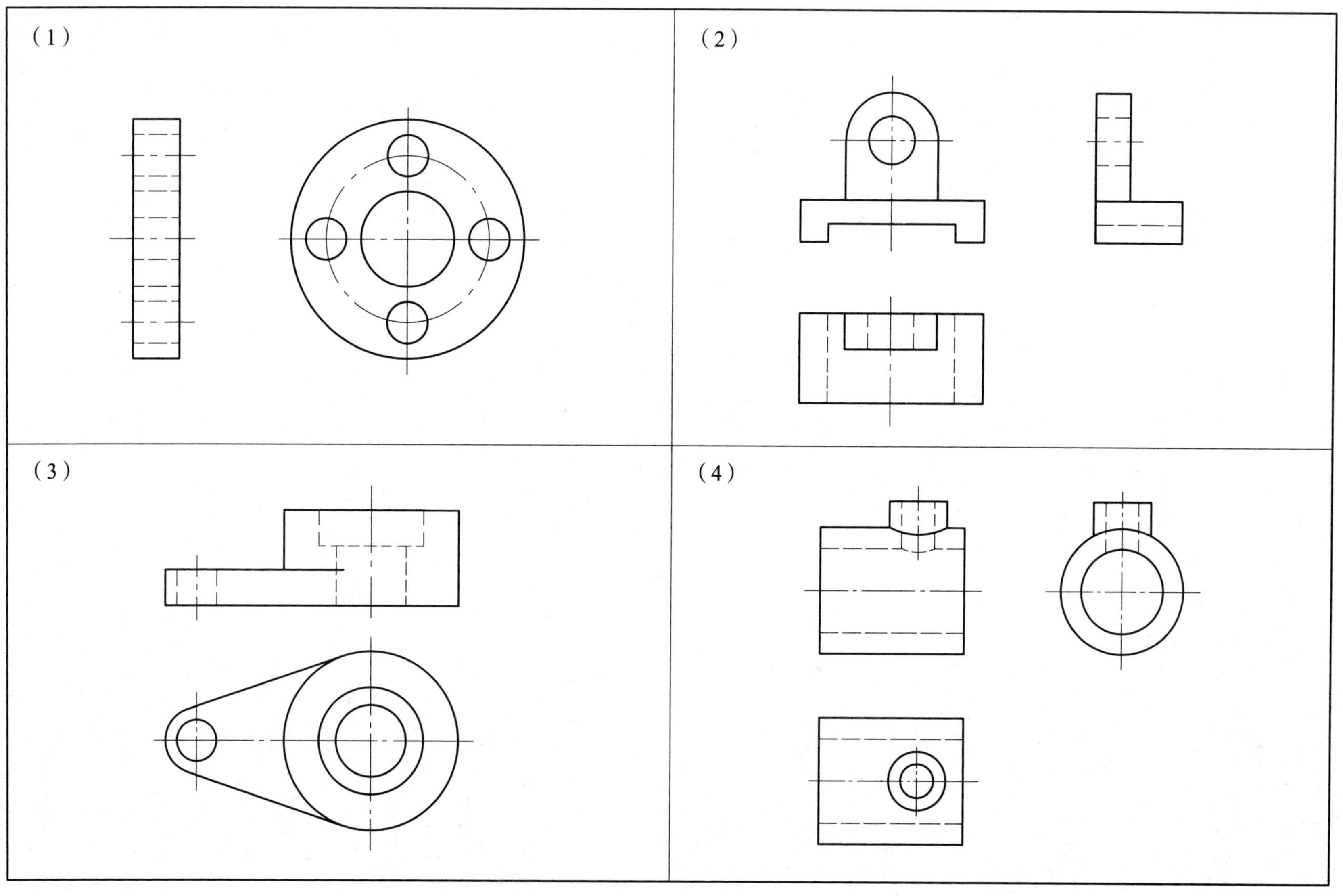

班级________学号________姓名___________

4-4-4 补画左视图，并标注尺寸（尺寸从图中量取，取整数）

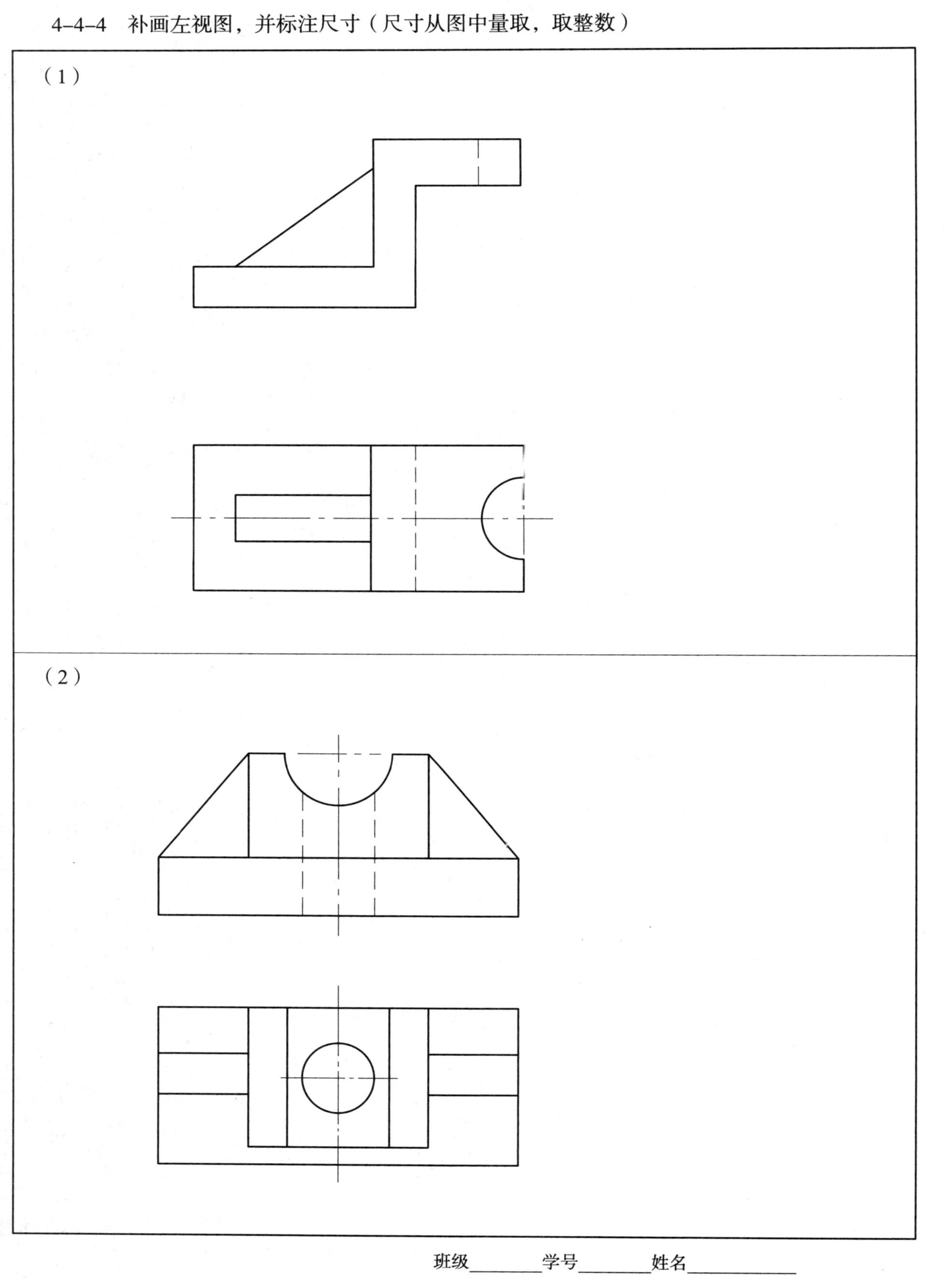

班级________学号________姓名____________

4-4-5　补画左视图，并标注尺寸（尺寸从图中量取，取整数）

（1）

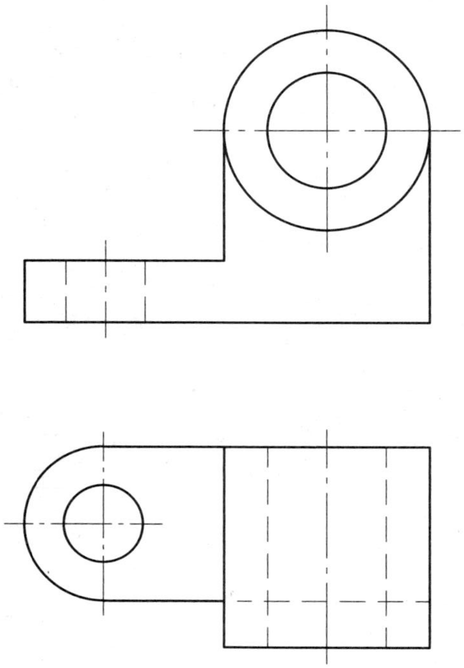

（2）

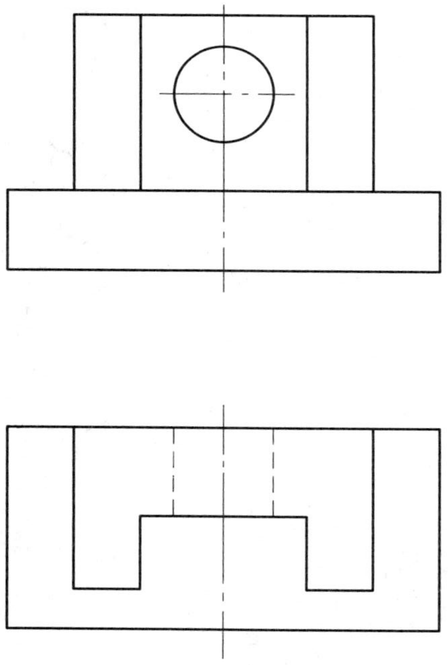

班级________学号________姓名____________

4-4-6 补画左视图，并标注尺寸（尺寸从图中量取，取整数）

（1）

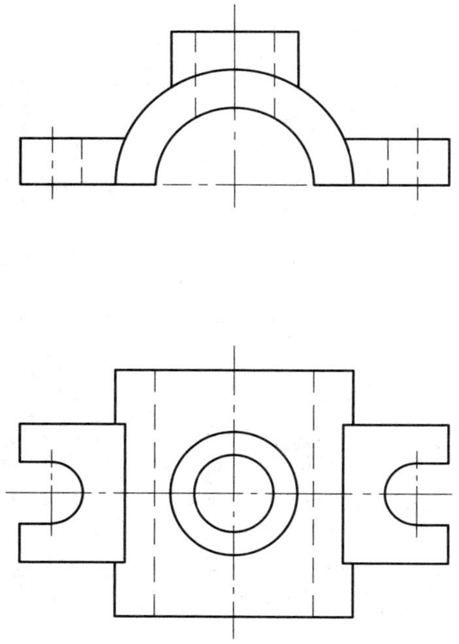

（2）

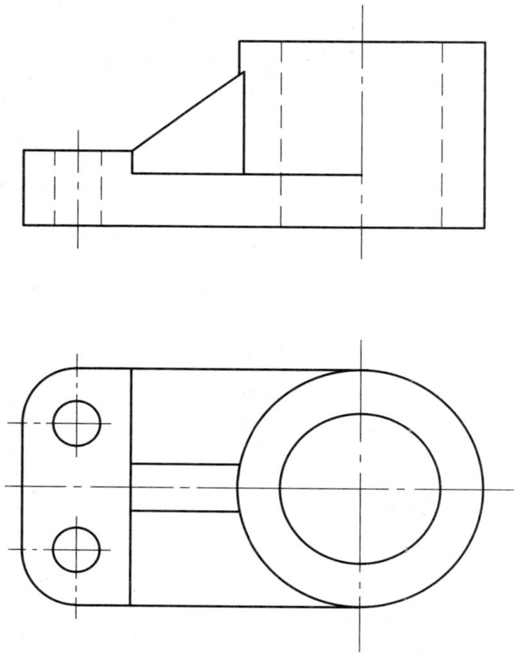

班级________ 学号________ 姓名____________

第五章 图样画法

5-1-1 根据主视图、俯视图，补画左视图、右视图、后视图和仰视图

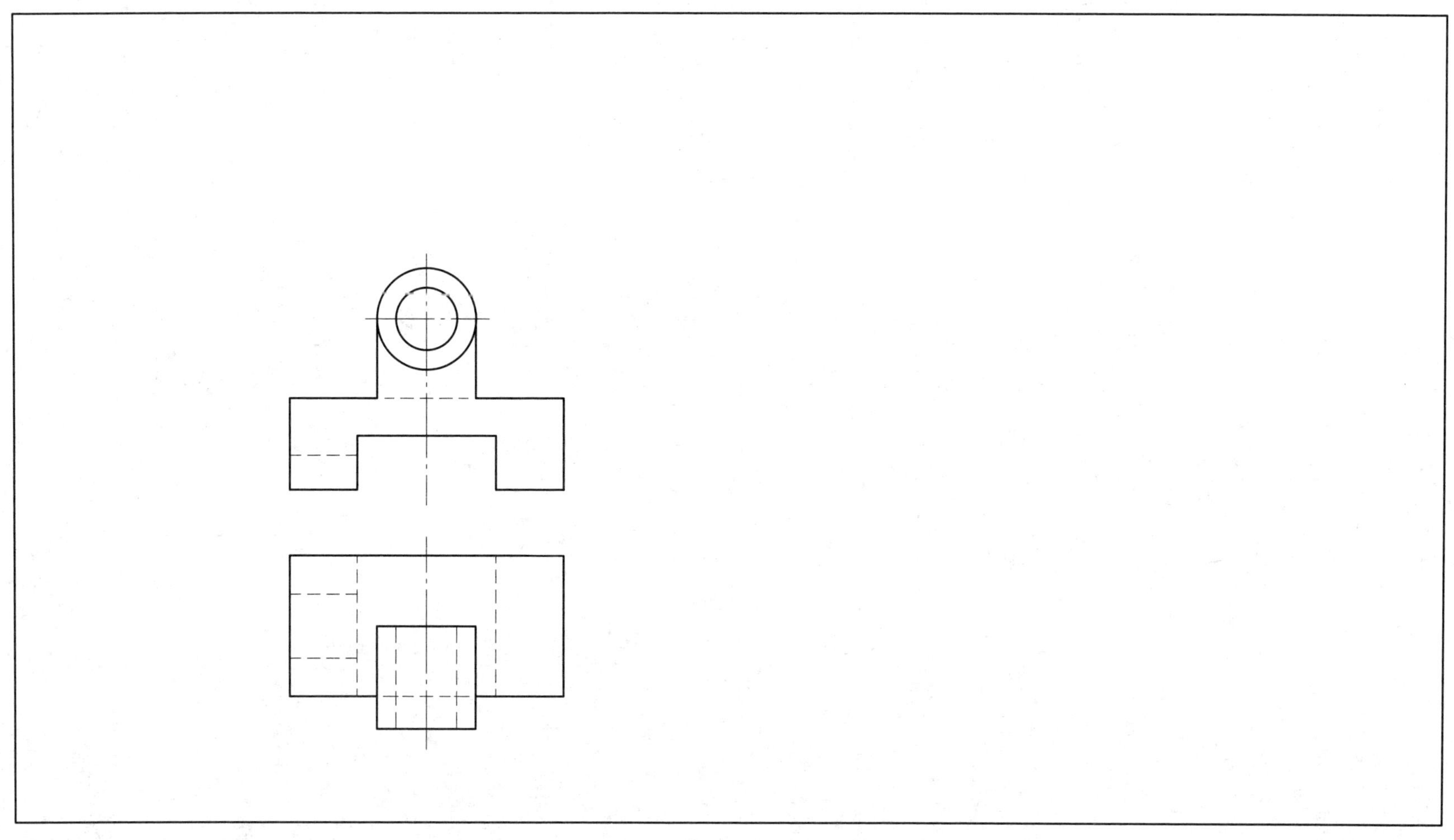

班级________学号________姓名____________

5-1-2 根据已知视图，按要求绘制其他基本视图（细虚线可以省略）

（1）根据主视图、俯视图绘制右视图。

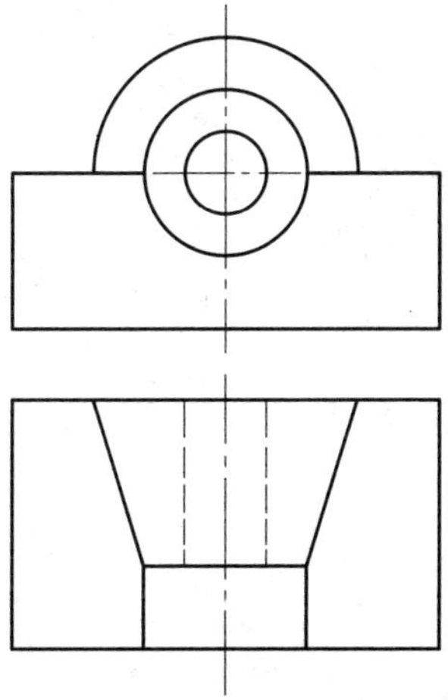

（2）根据主视图、左视图绘制仰视图。

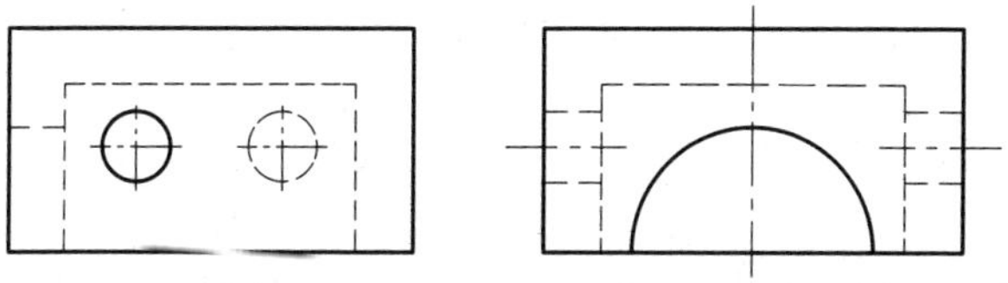

（3）根据三视图绘制后视图。

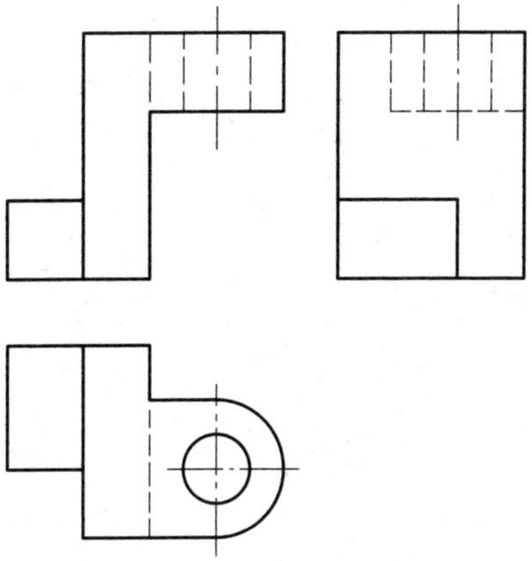

（4）根据主视图、左视图绘制仰视图和右视图。

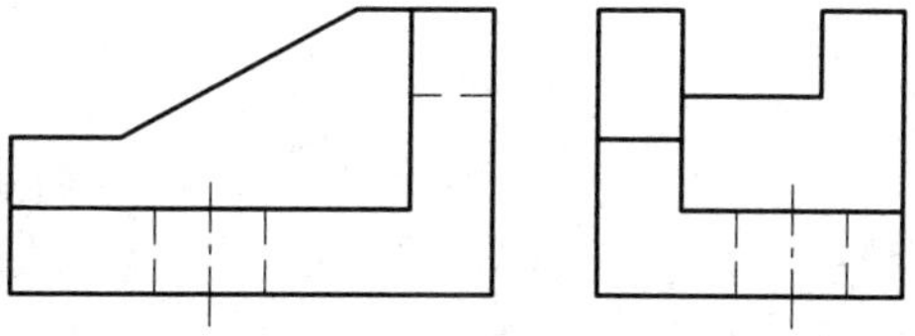

班级________学号________姓名__________

5-1-3 根据三视图绘制向视图（细虚线可省略不画）

（1）根据三视图，绘制 *B*、*C*、*D* 向视图。

（2）根据三视图，绘制 *D*、*E*、*F* 向视图。

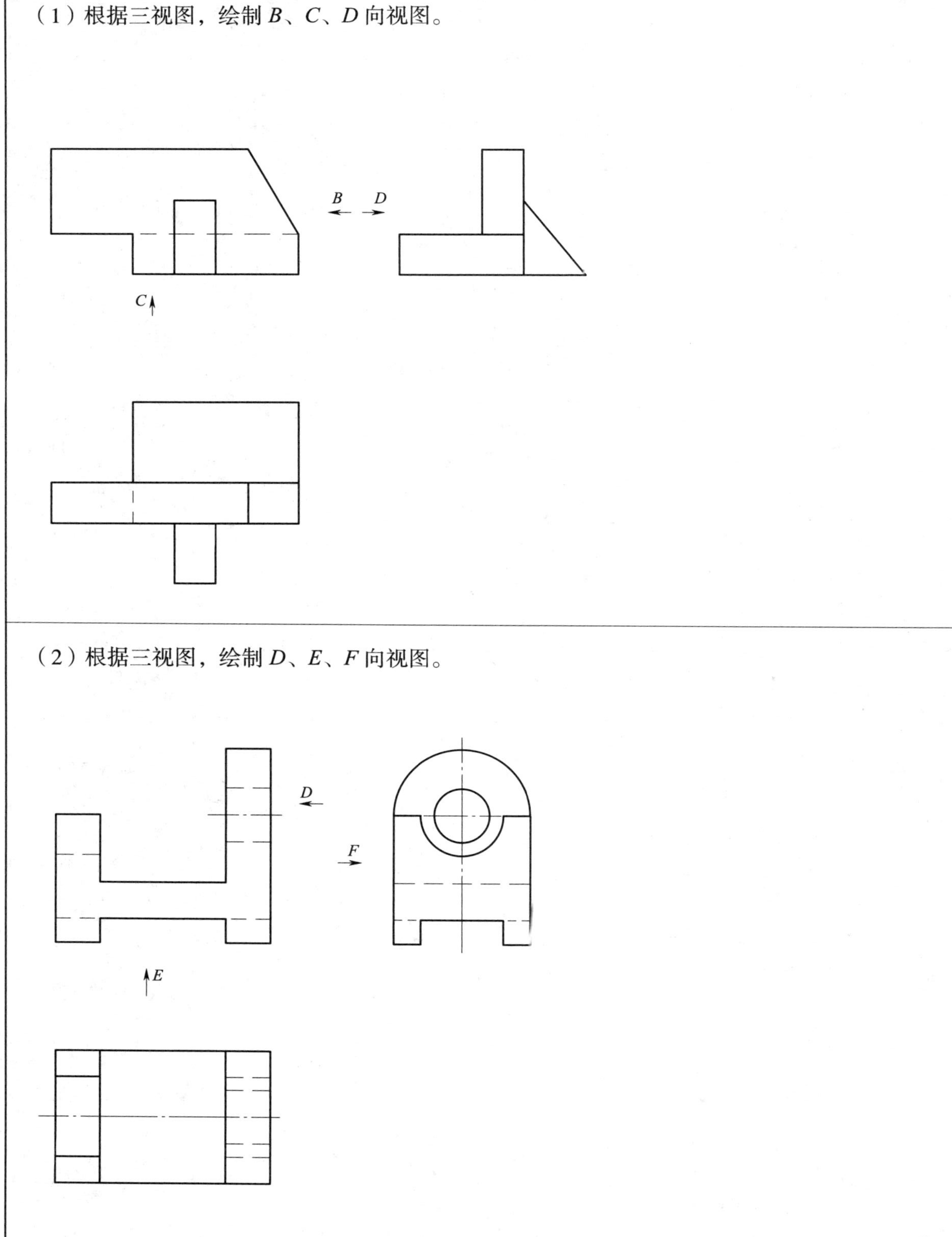

班级________学号________姓名____________

5-1-4　绘制局部视图

（1）绘制 *A* 向和 *B* 向局部视图。（同步训练）

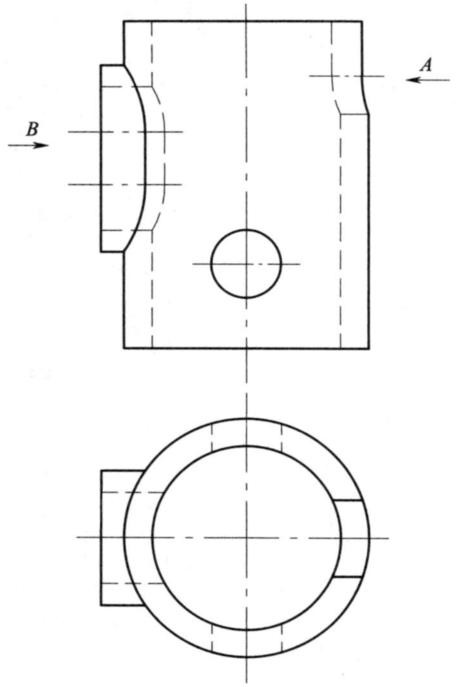

A

B

（2）绘制 *A* 向和 *B* 向局部视图。

B

A

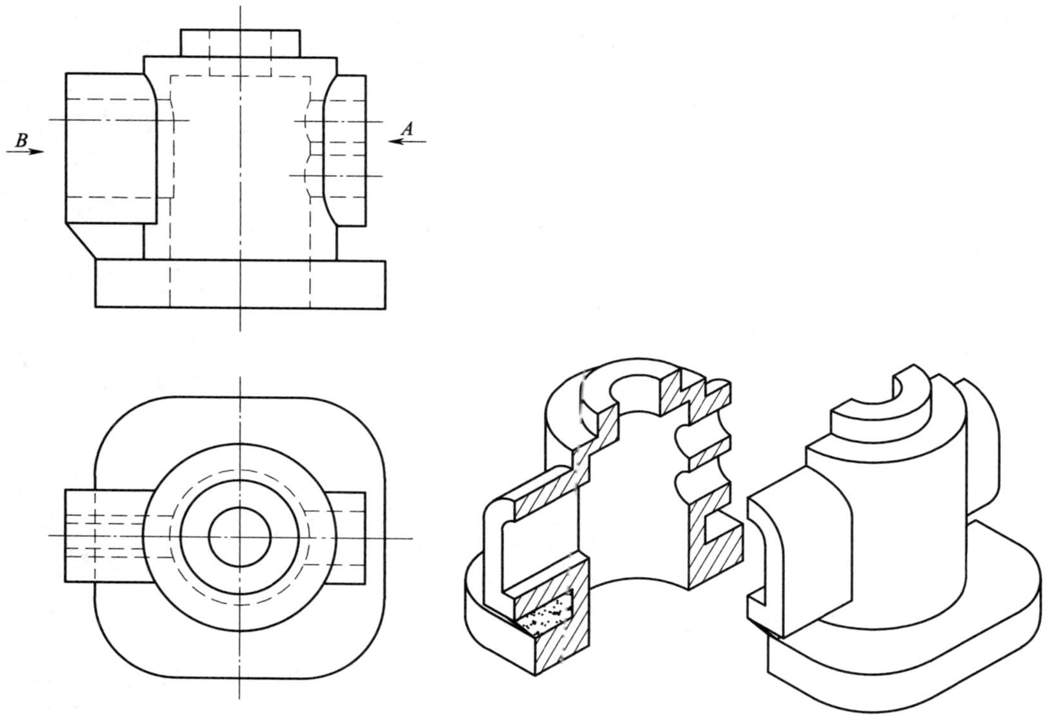

班级________　学号________　姓名____________

5-1-5　绘制局部视图和斜视图

（1）参照上侧图形，在下侧绘制俯视方向的局部视图和 *A* 向斜视图。（同步训练）

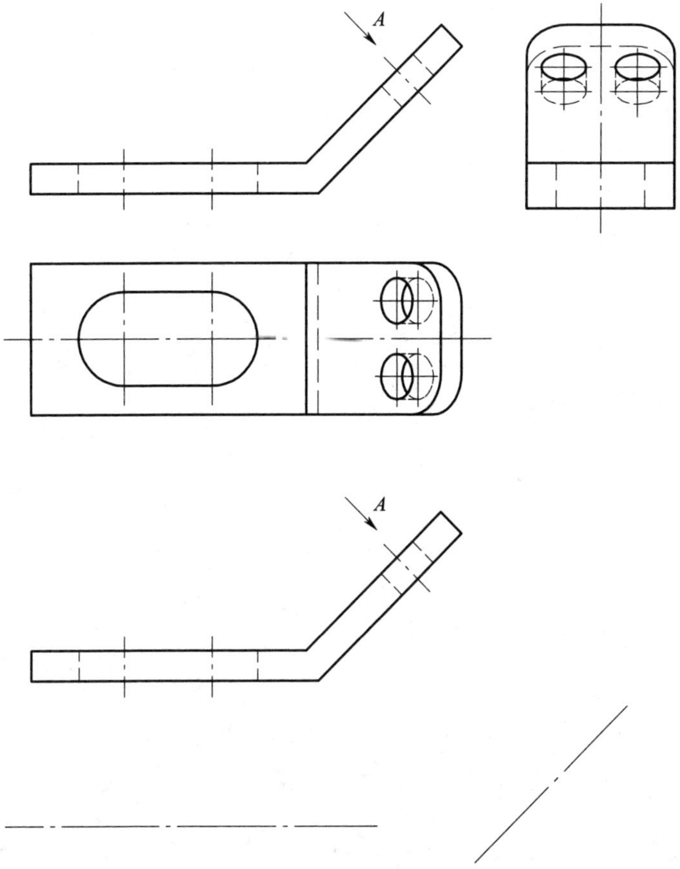

A

A

（2）绘制 *A* 向斜视图，要求旋转摆正绘制。

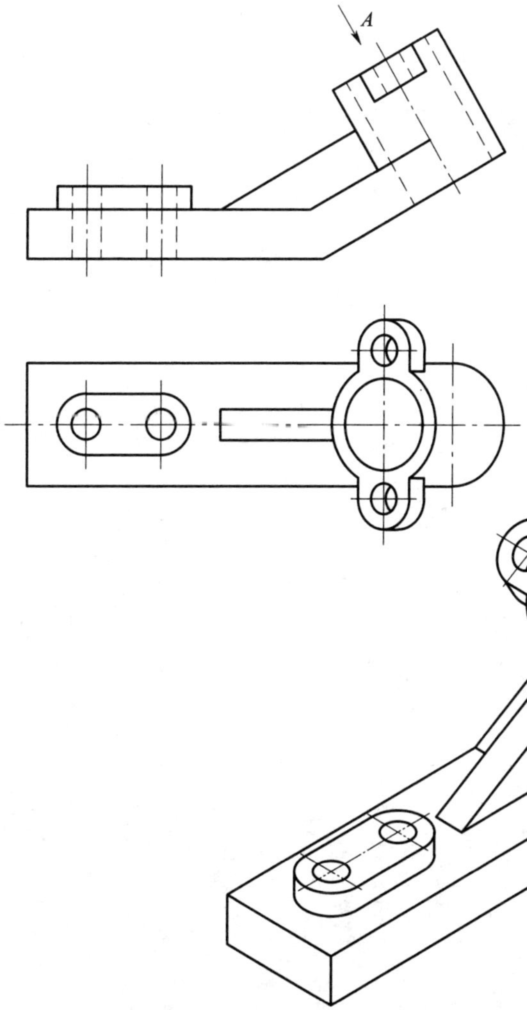

A

班级________学号________姓名__________

5-1-6 绘制局部视图和斜视图（斜视图旋转摆正绘制）

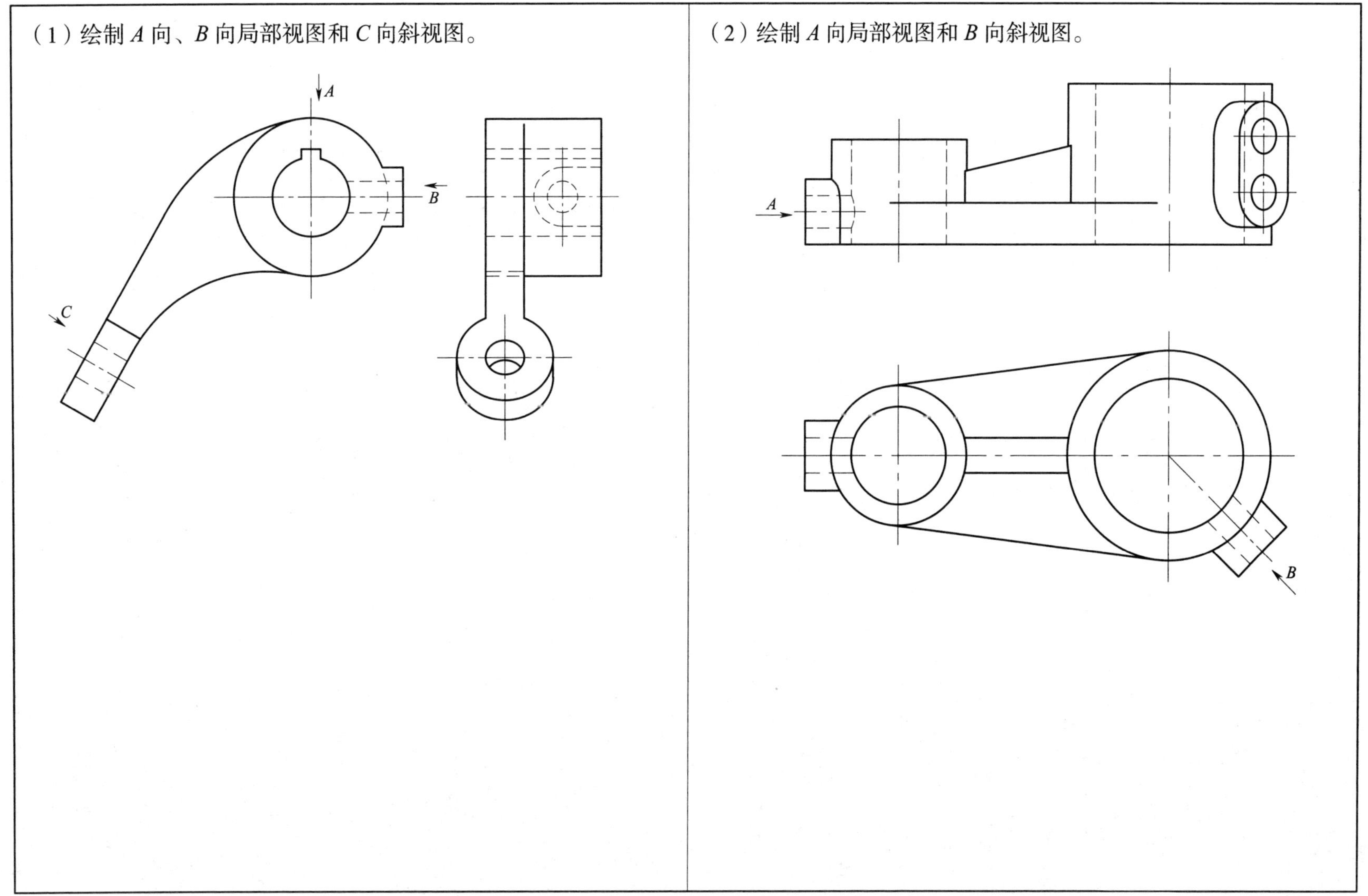

班级________ 学号________ 姓名___________

5-2-1 补画全剖主视图上的缺线

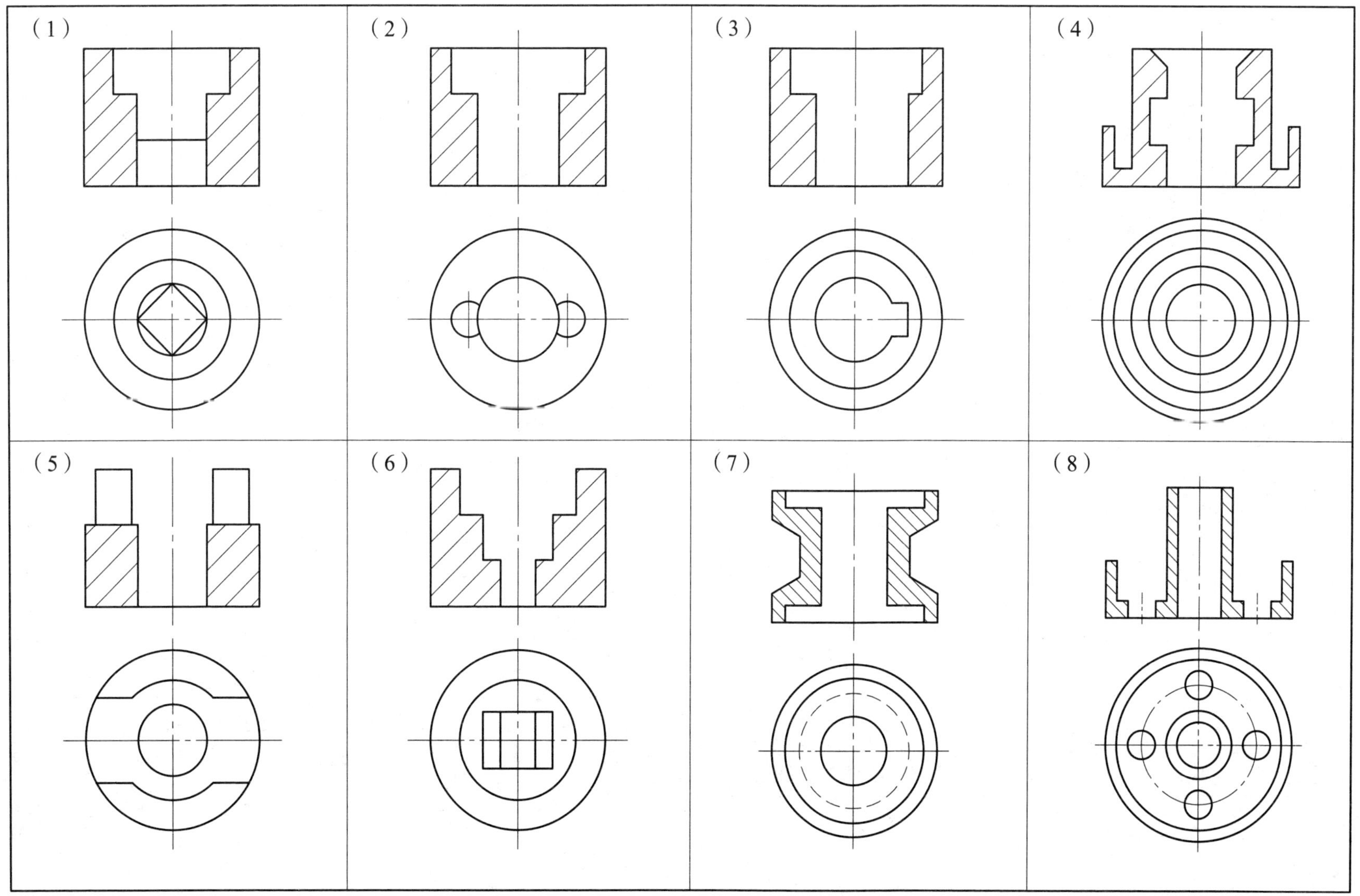

班级________学号________姓名___________

5-2-2　绘制全剖的主视图［题（1）为同步训练］

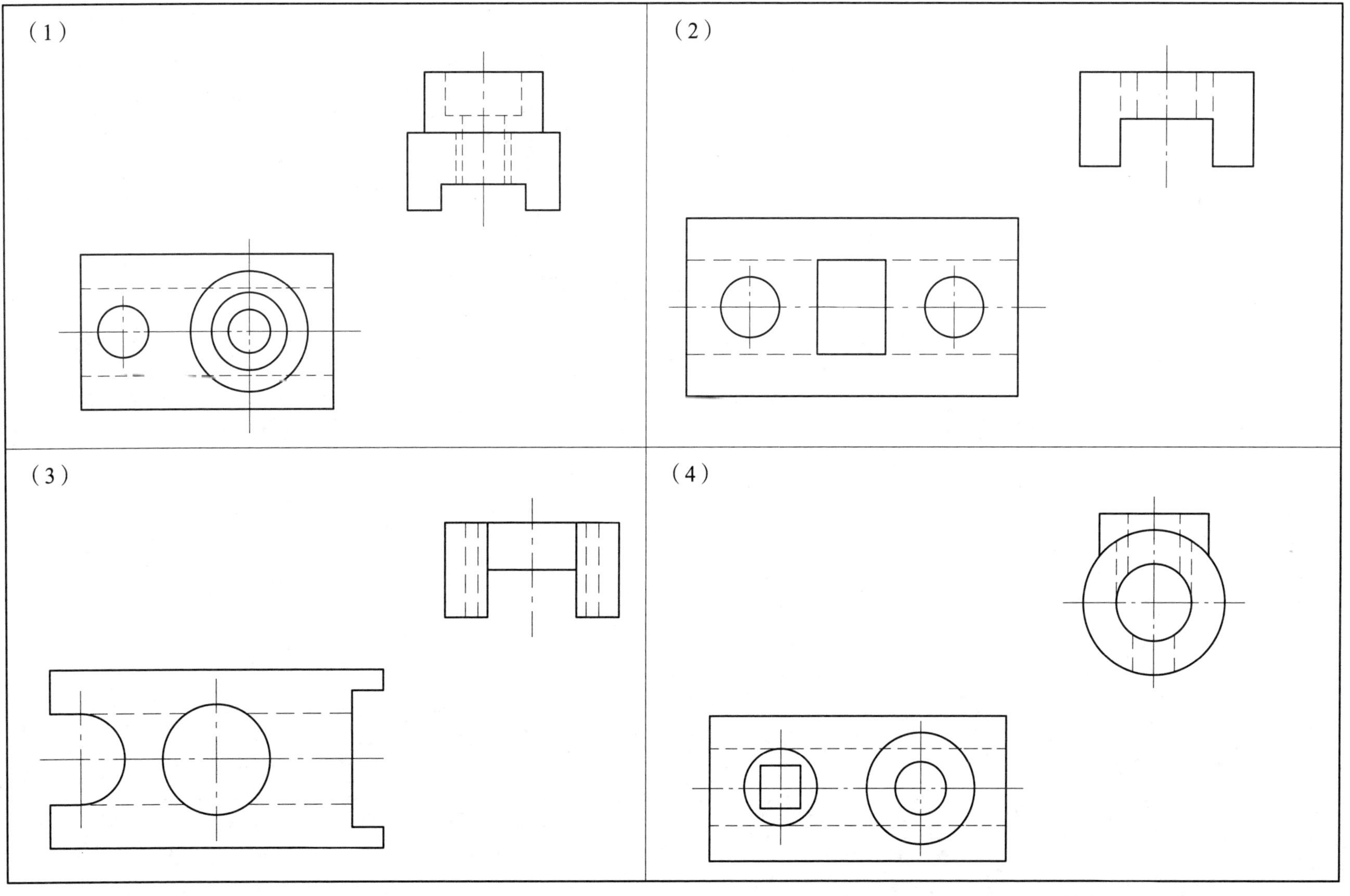

班级________ 学号________ 姓名____________

5-2-3　将主视图改画为全剖视图

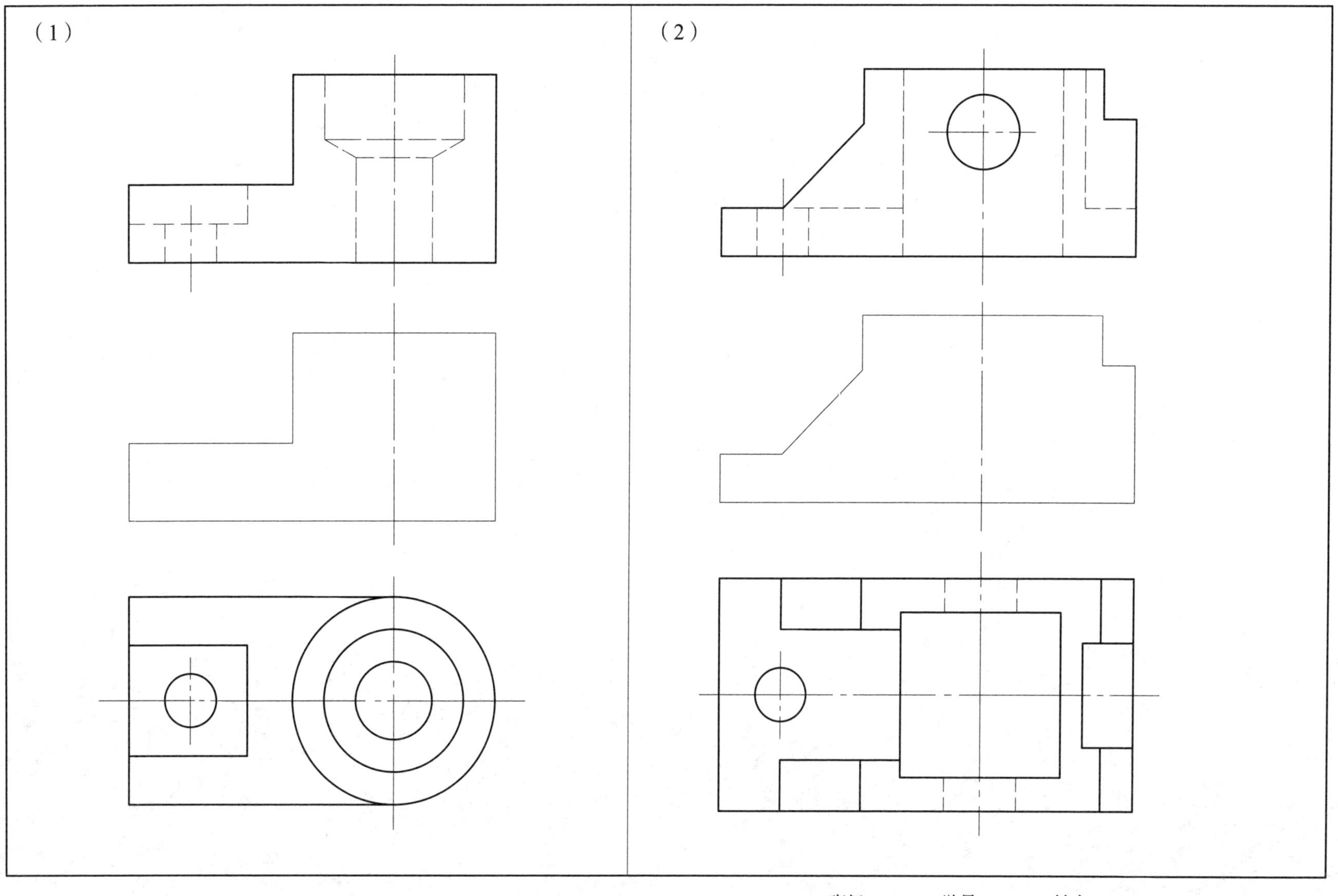

班级________学号________姓名____________

5-2-4　将主视图改画为全剖视图

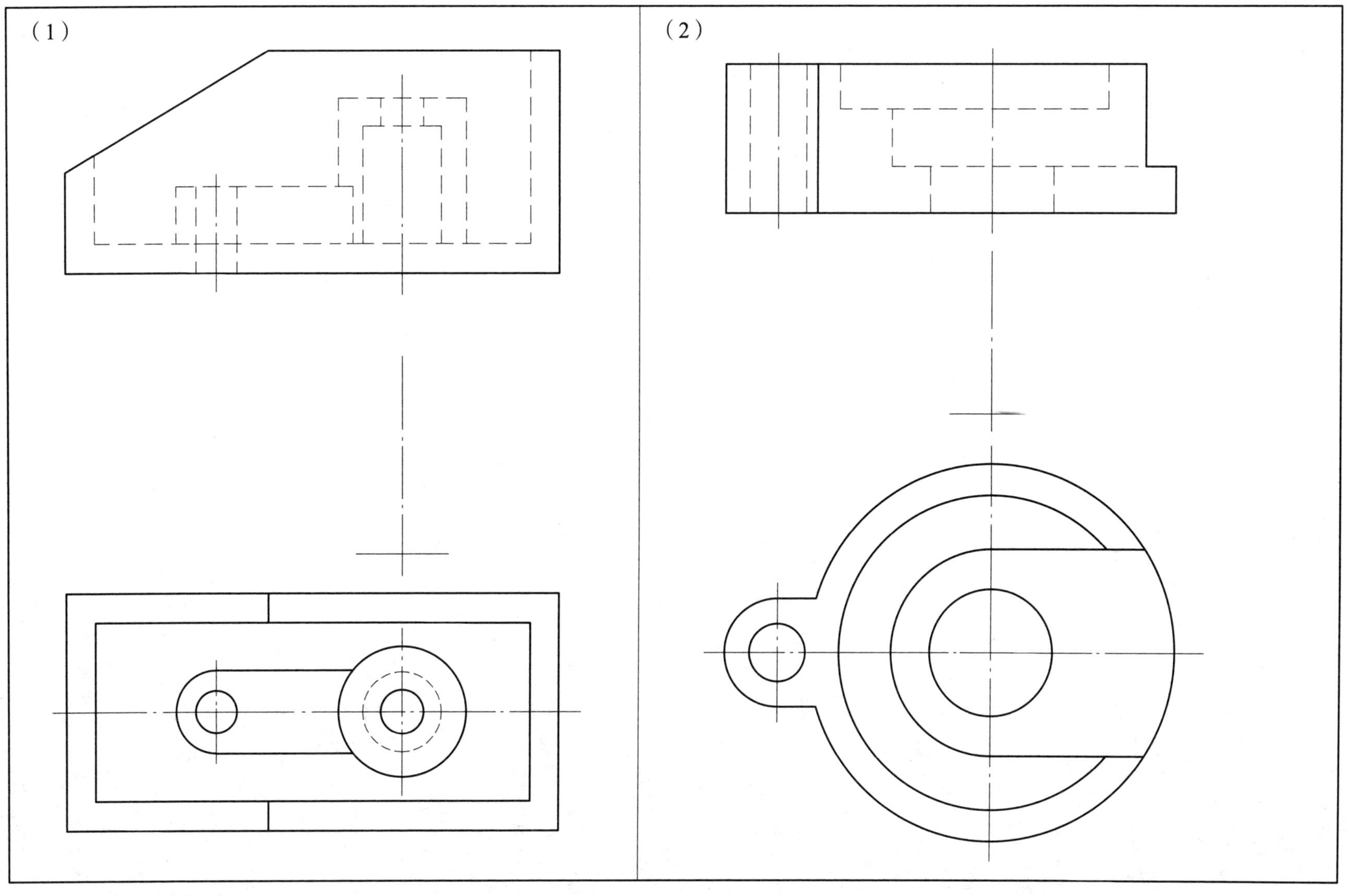

班级________学号________姓名__________

5-2-5　将主视图、俯视图改画为半剖视图（同步训练）

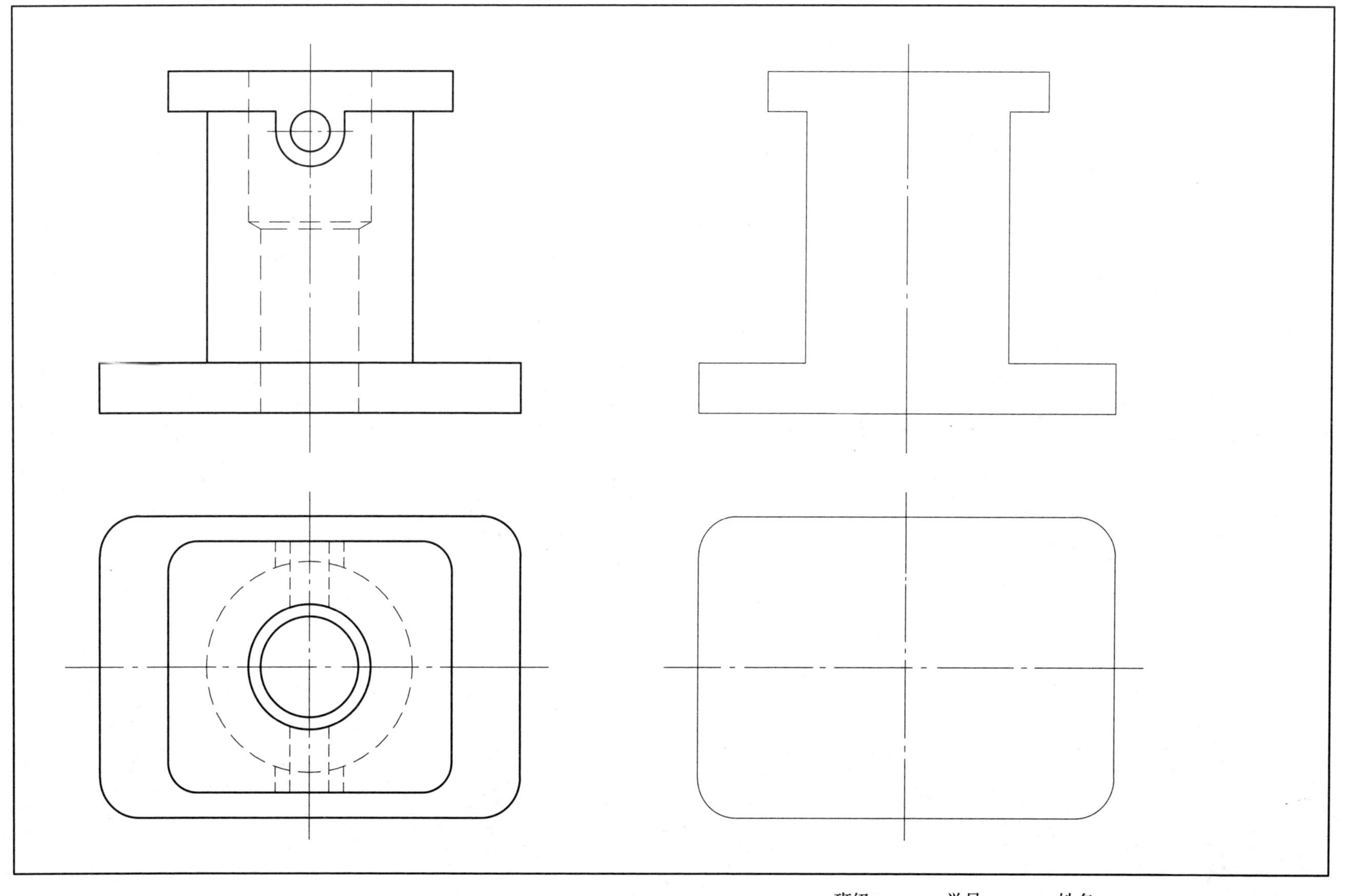

班级________　学号________　姓名____________

5-2-6 将零件的主视图画成半剖视图

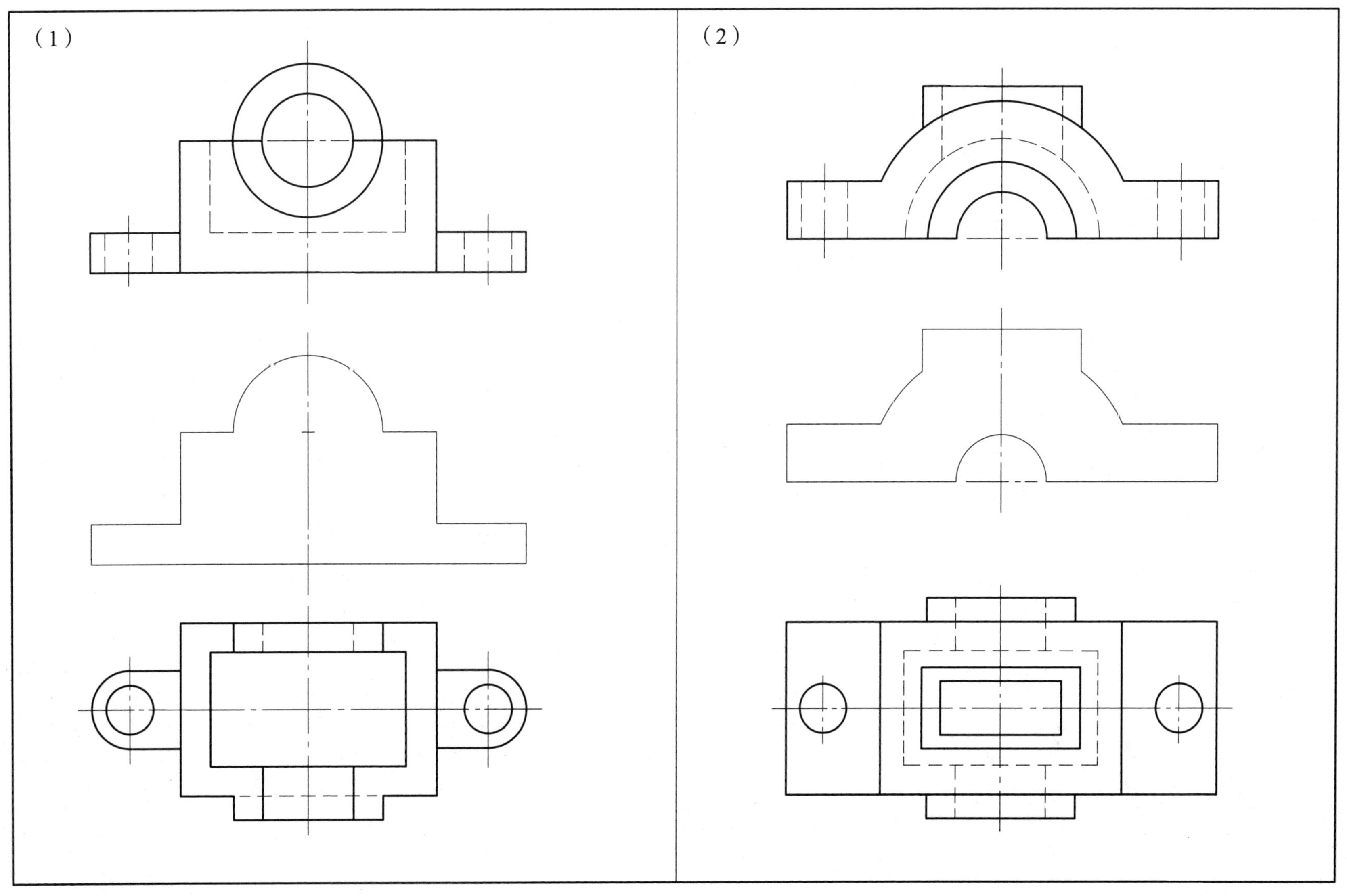

班级________ 学号________ 姓名__________

5-2-7 将主视图改画为半剖视图，并绘制全剖的左视图

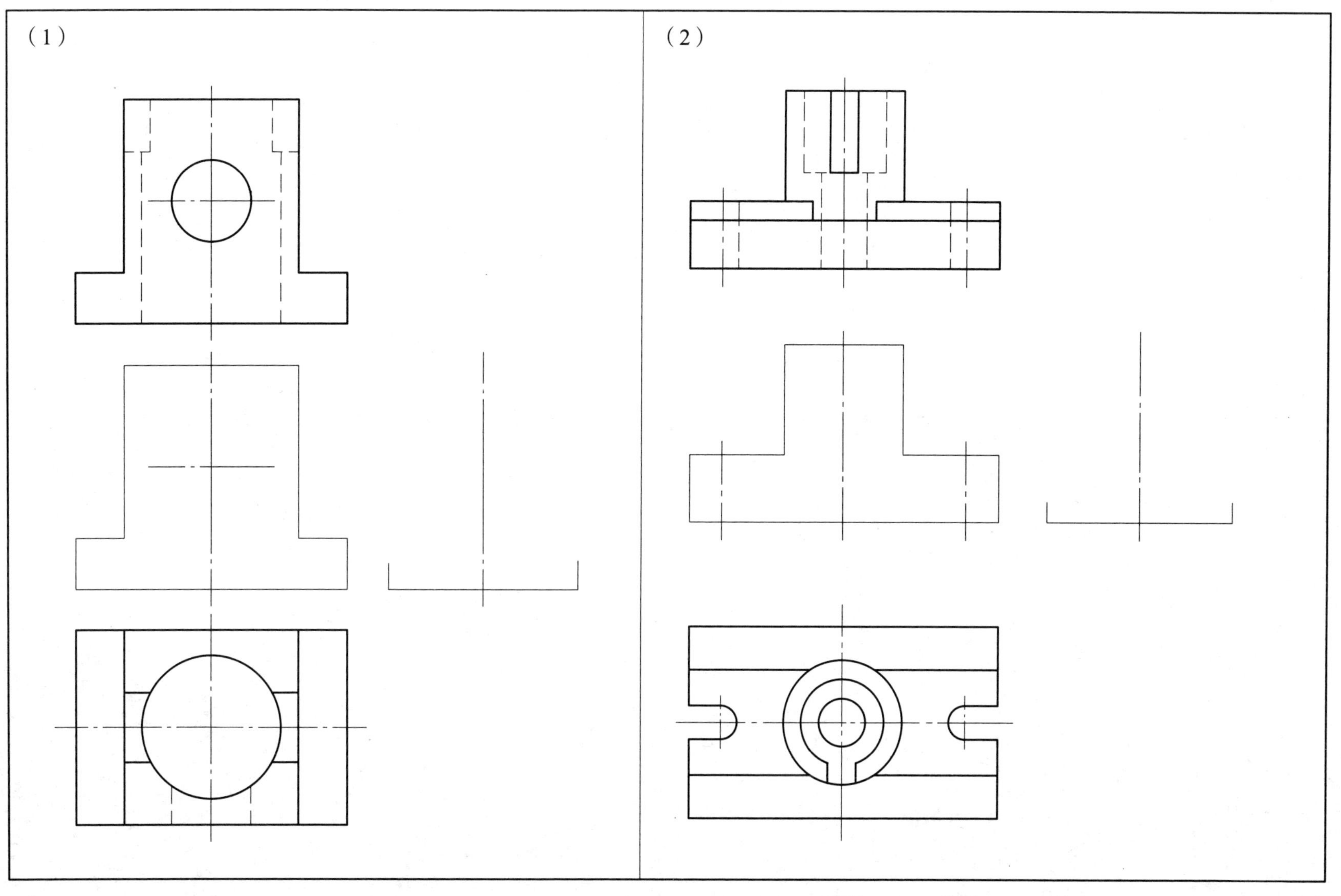

班级________ 学号________ 姓名__________

5-2-8　将主视图、俯视图改画为局部剖视图（同步训练）

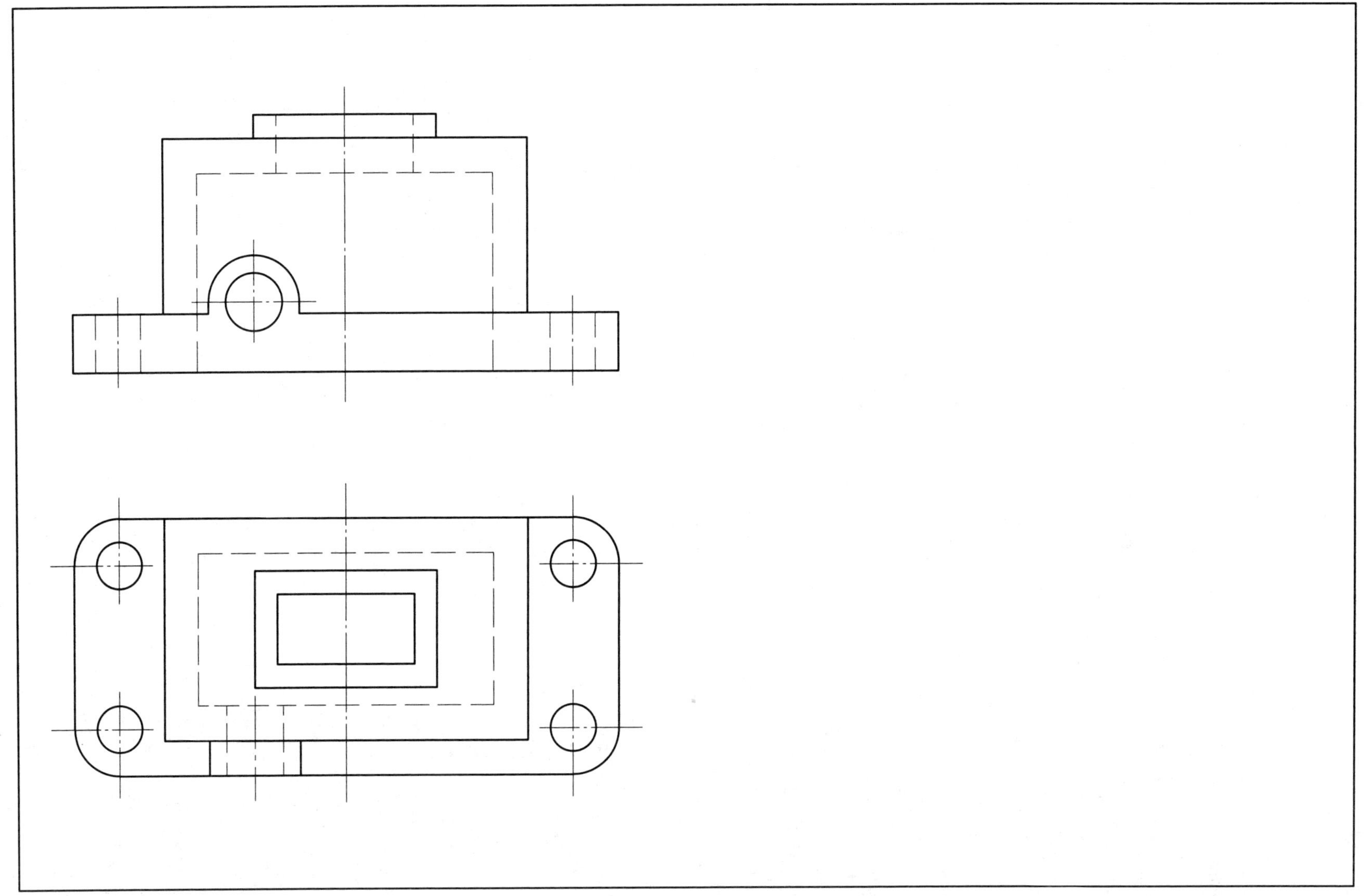

班级________ 学号________ 姓名____________

5-2-9 看懂视图，在右侧绘制适当的局部剖视图

（1）

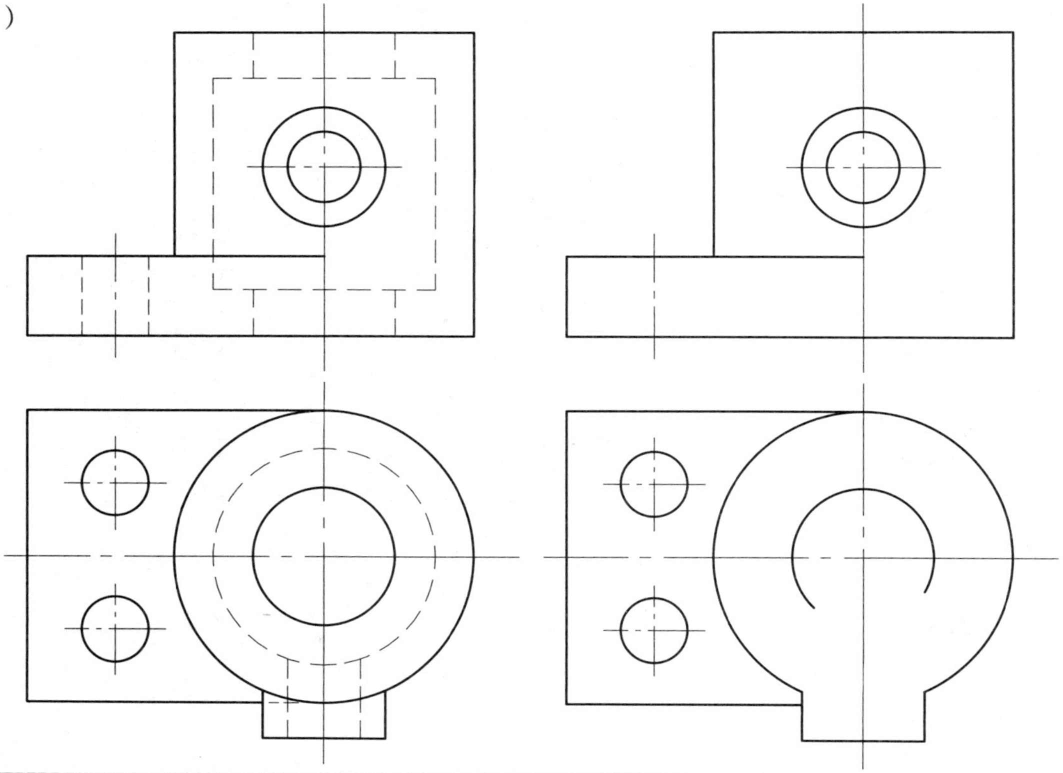

（2）

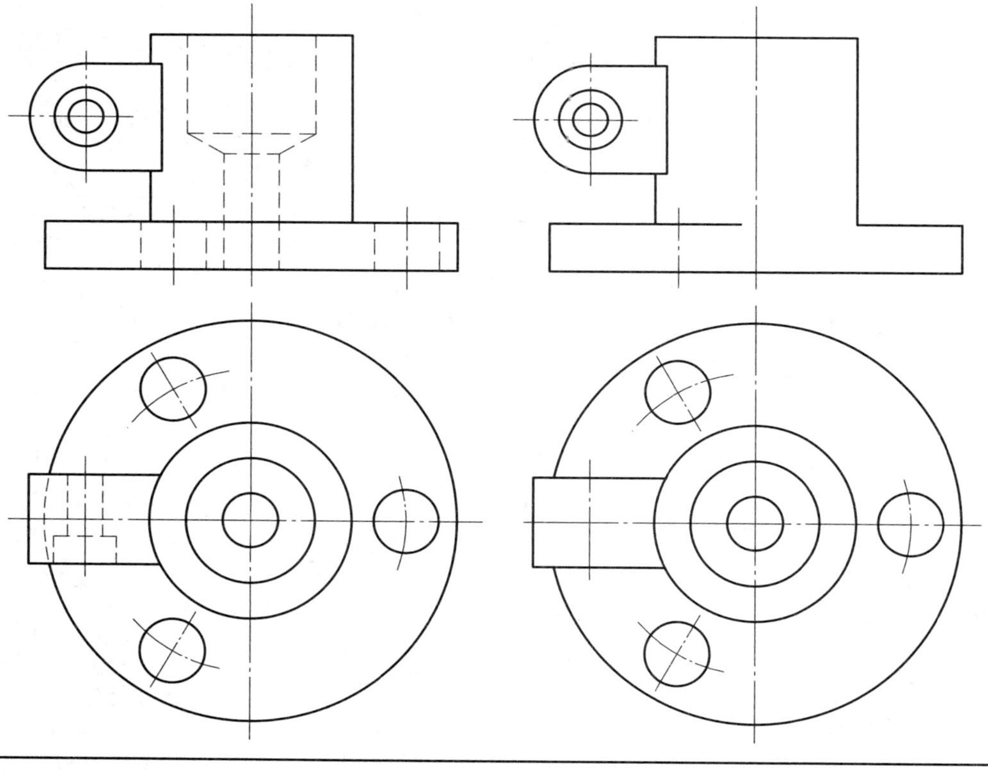

班级________ 学号________ 姓名__________

5-2-10　绘制全剖视图

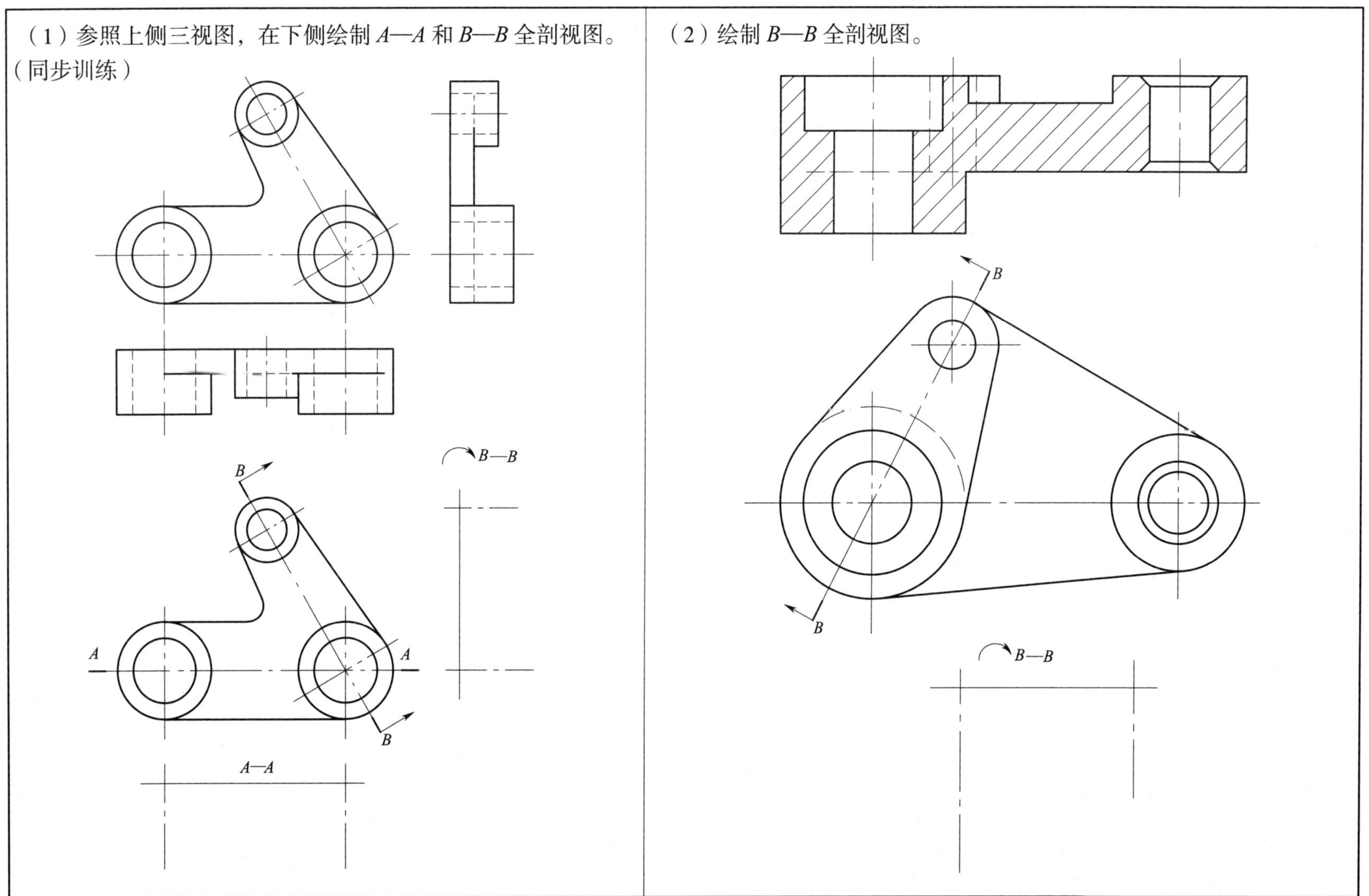

班级________学号________姓名__________

5-2-11　绘制全剖视图

（1）绘制 *A*—*A* 和 *B*—*B* 全剖视图。

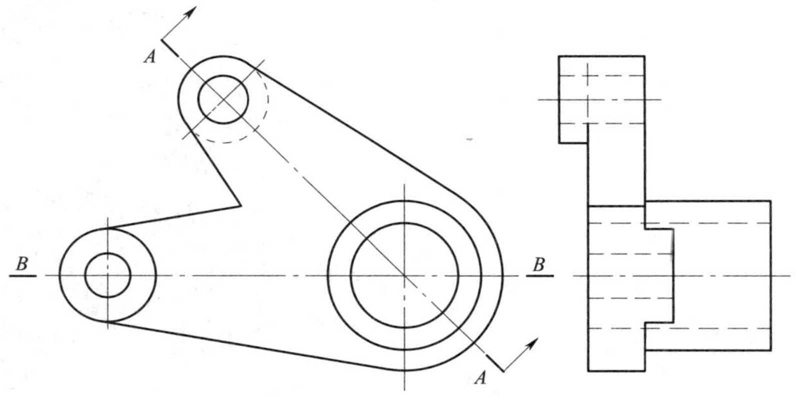

（2）绘制 *A*—*A* 全剖视图。

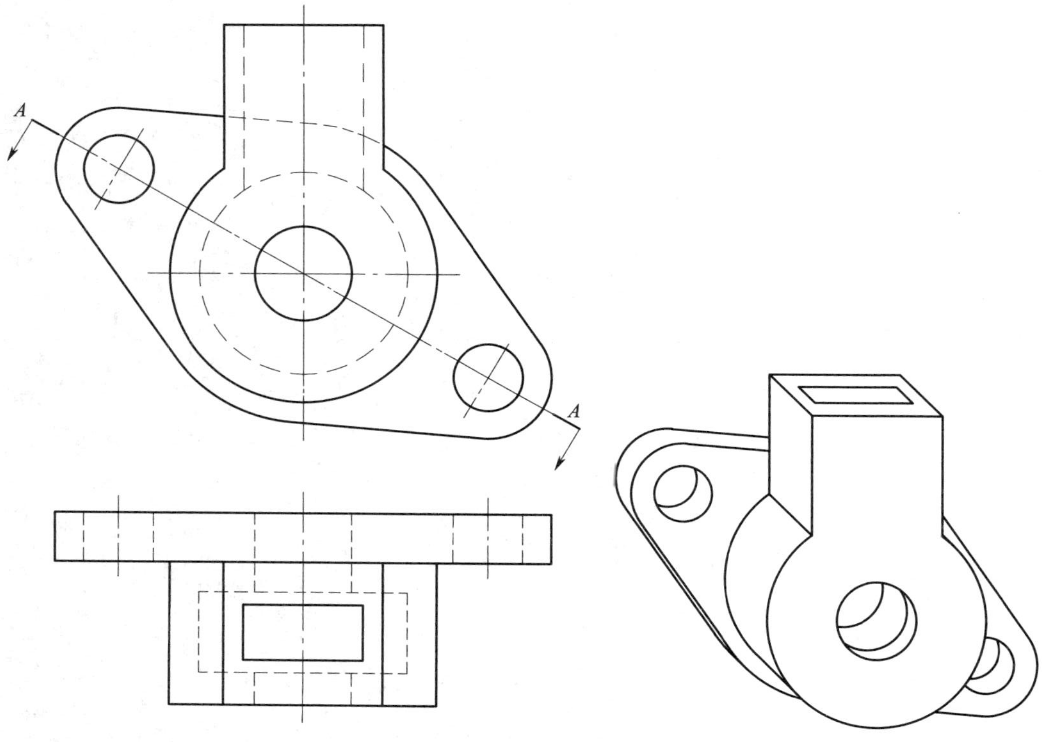

班级________ 学号________ 姓名__________

5-2-12　绘制用几个平行的剖切平面剖切的剖视图

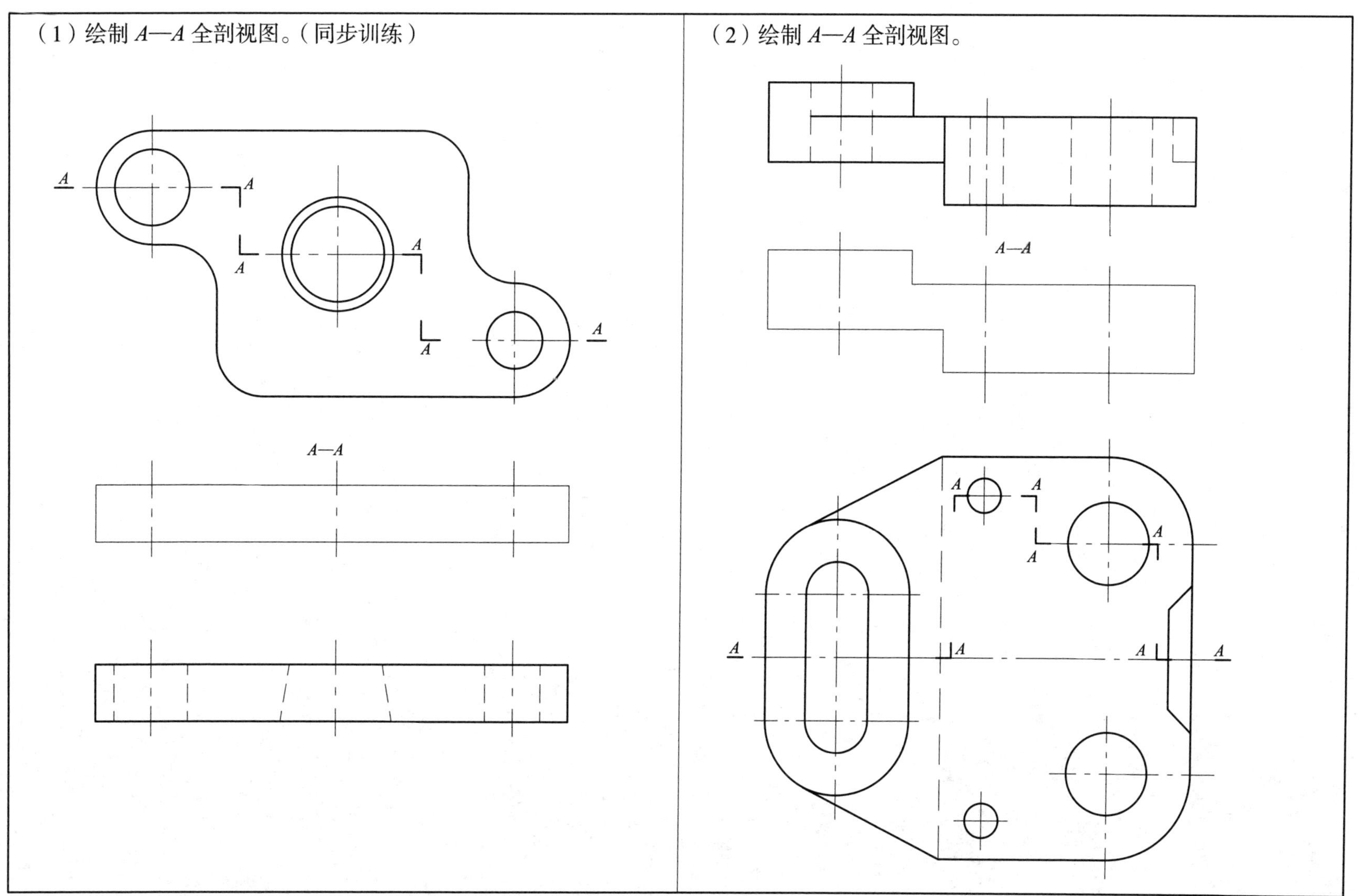

班级________学号________姓名__________

5-2-13　绘制用几个平行的剖切平面剖切的剖视图

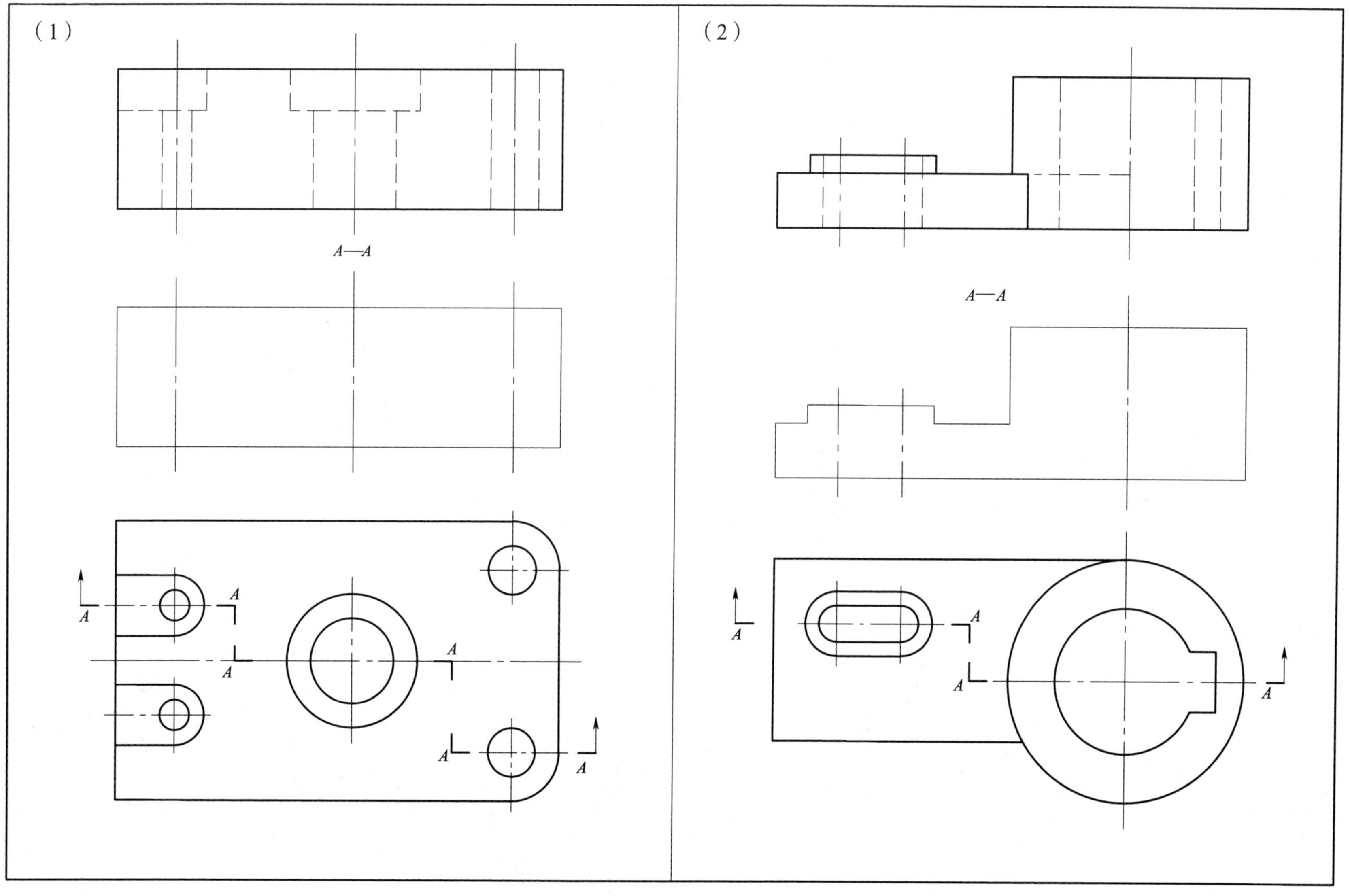

班级________学号________姓名____________

5-2-14　将主视图改画为全剖视图

（1）将主视图改画为用两相交剖切平面剖切的全剖视图，并进行标注。（同步训练）

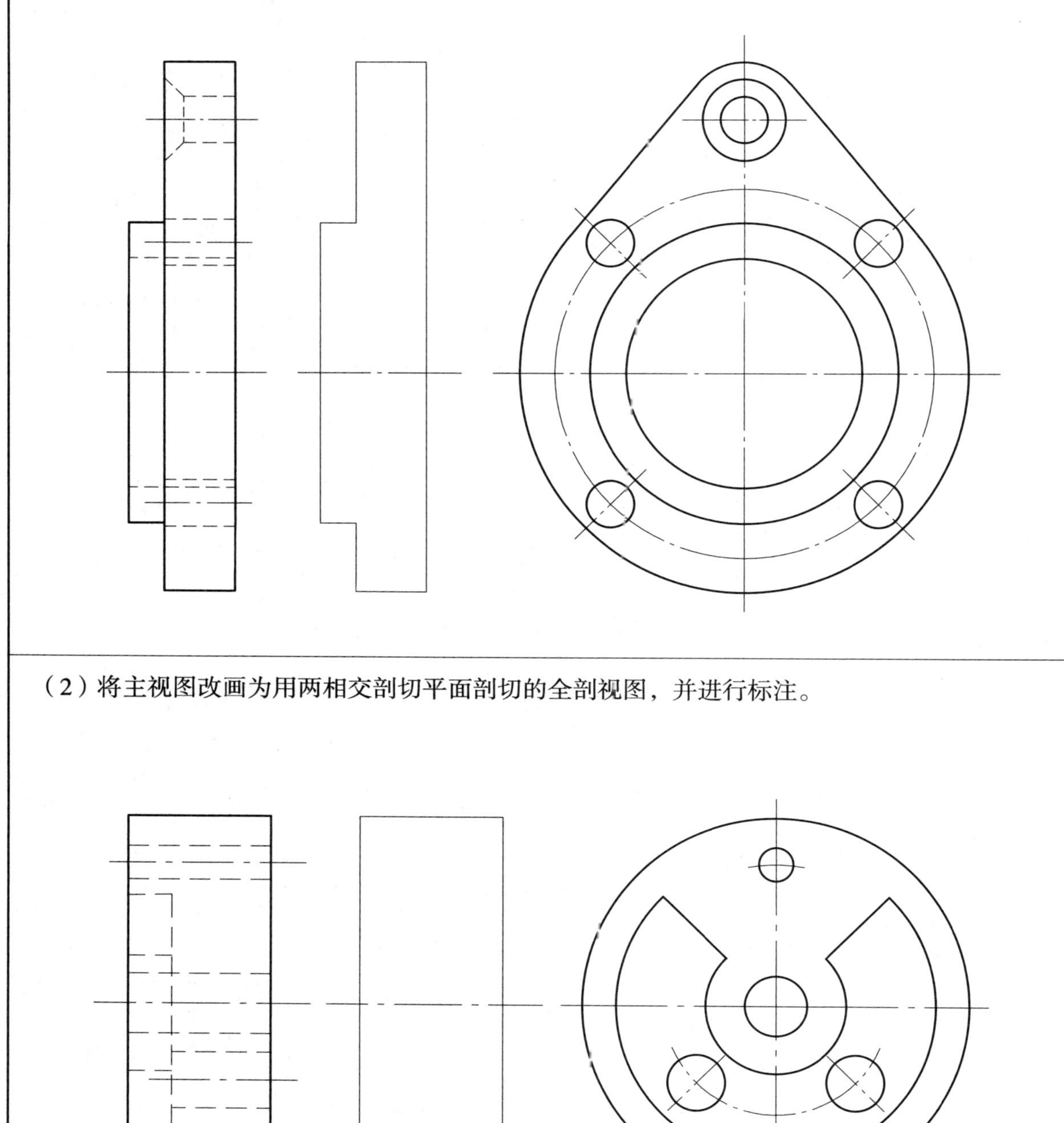

（2）将主视图改画为用两相交剖切平面剖切的全剖视图，并进行标注。

班级________ 学号________ 姓名__________

5-2-15　将主视图改画为用两相交剖切平面剖切的剖视图，并对剖视图进行标注

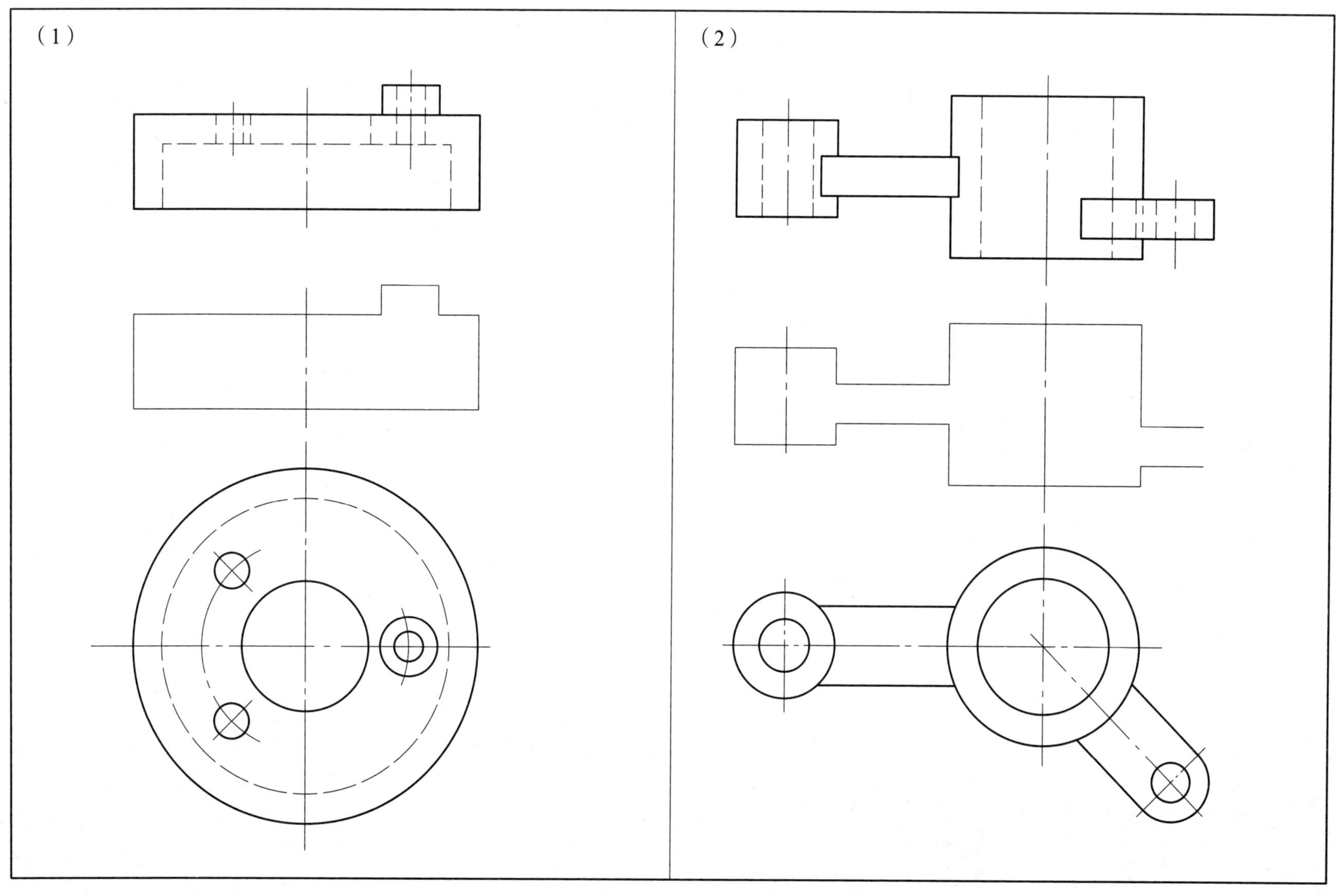

班级________学号________姓名____________

5-3-1　绘制移出断面图

（1）在指定位置绘制移出断面图。（同步训练）

（2）绘制移出断面图，并进行标注。

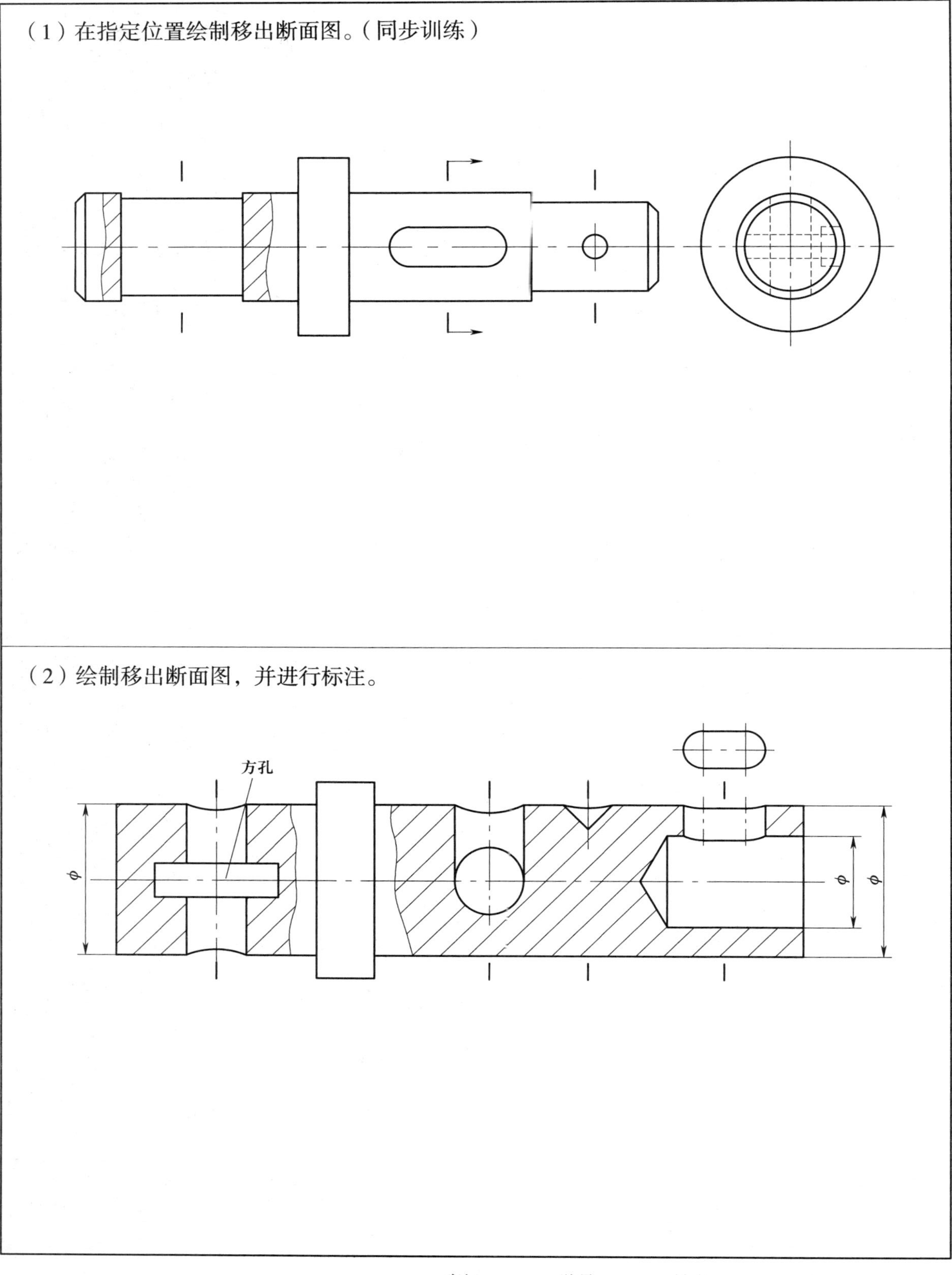

班级________学号________姓名____________

5-3-2 选择断面图

（1）选择正确的断面图，在括号内打“√”。

（2）在相应的断面图上标注断面图名称。

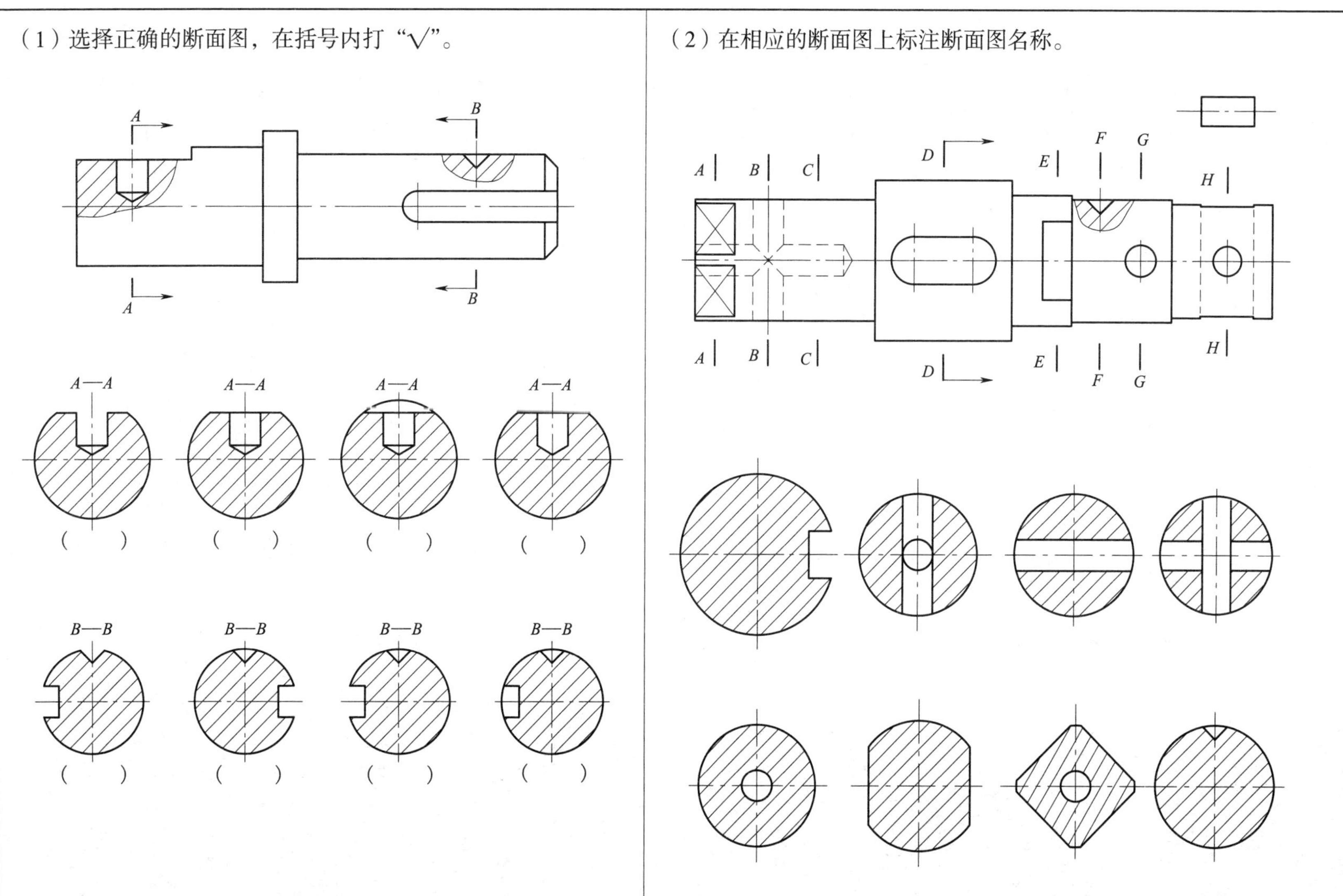

班级________学号________姓名__________

5-3-3　绘制移出断面图

（1）在指定位置绘制移出断面图。

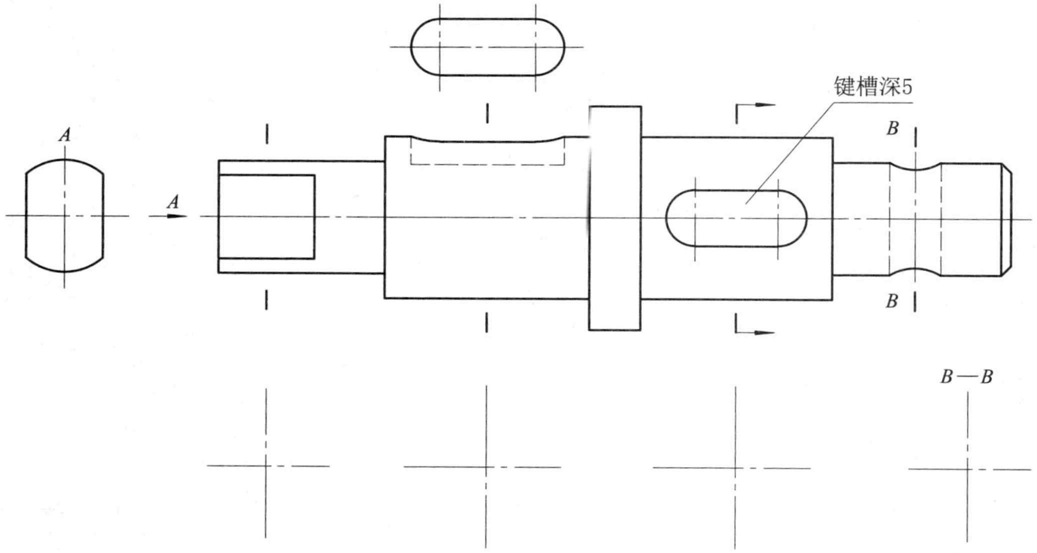

（2）绘制移出断面图，并进行标注。

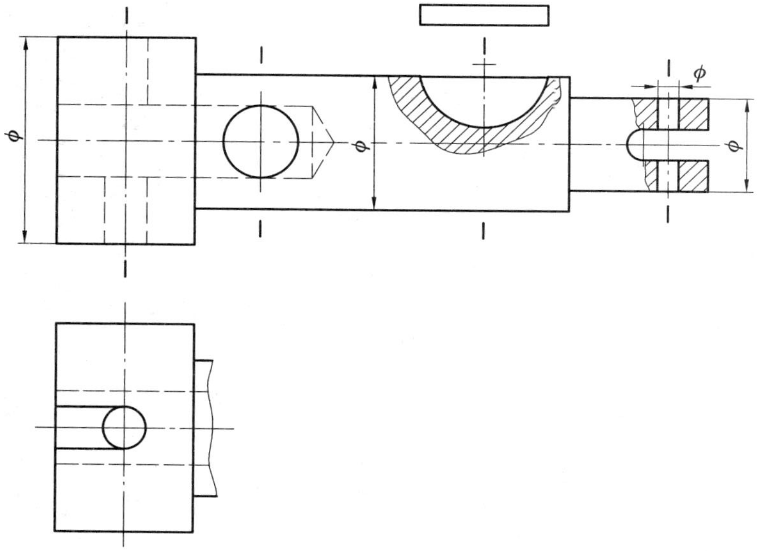

班级________ 学号________ 姓名__________

5-3-4　在主视图上绘制重合断面图

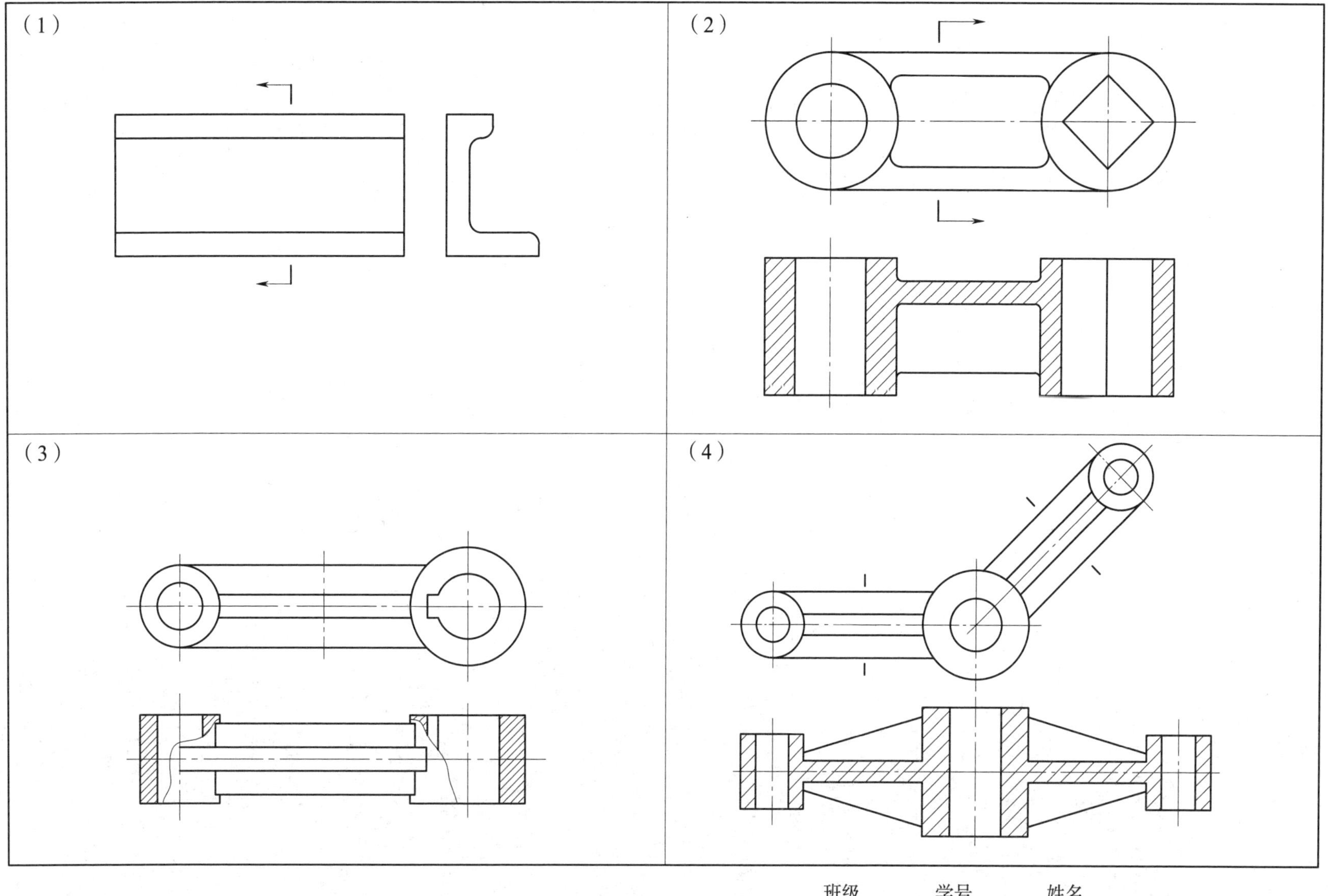

班级________学号________姓名____________

5-4-1 绘制全剖视图

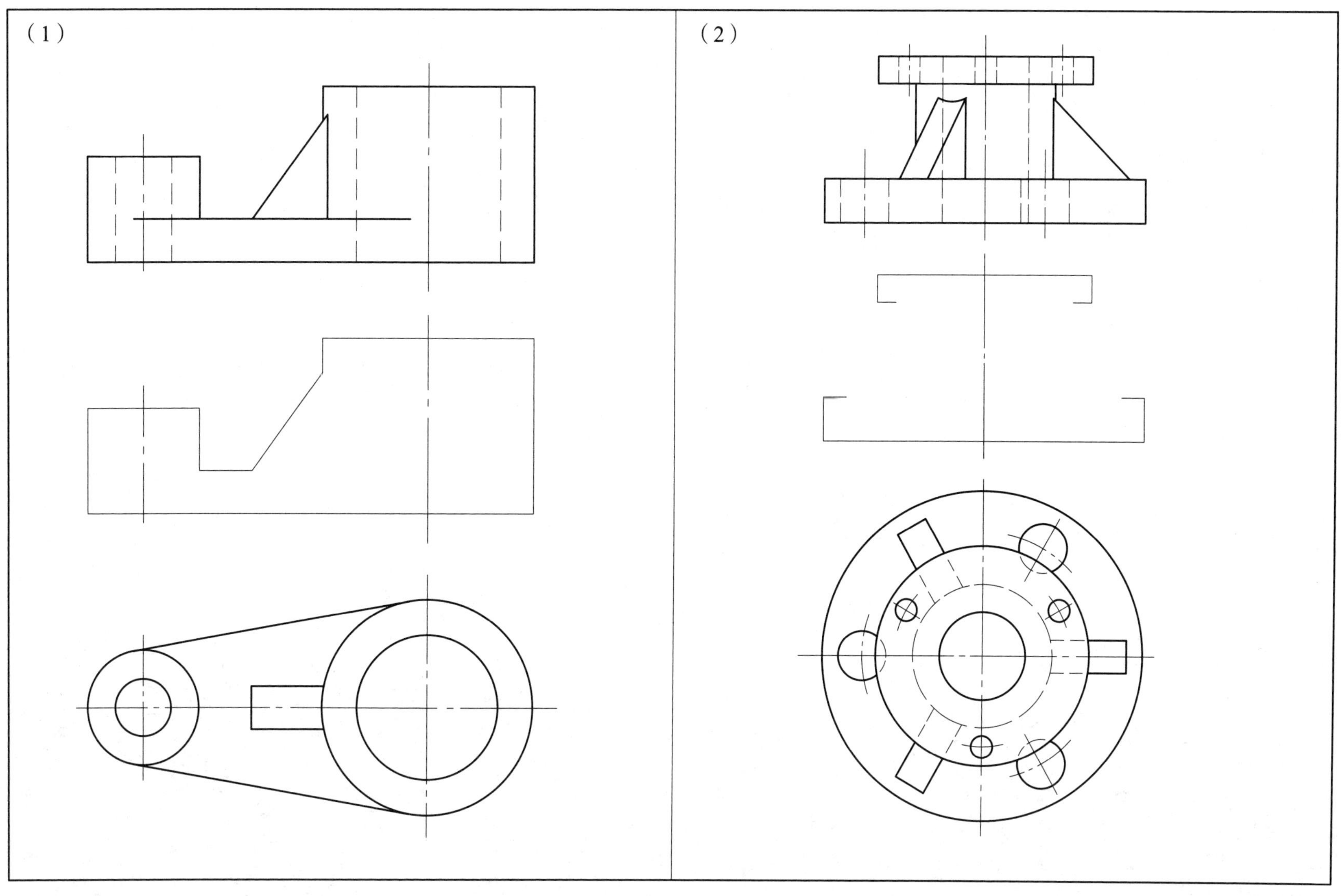

班级________学号________姓名__________

5-4-2　绘制全剖视图

（1）选择合适的剖切平面，将左视图绘制成全剖视图。

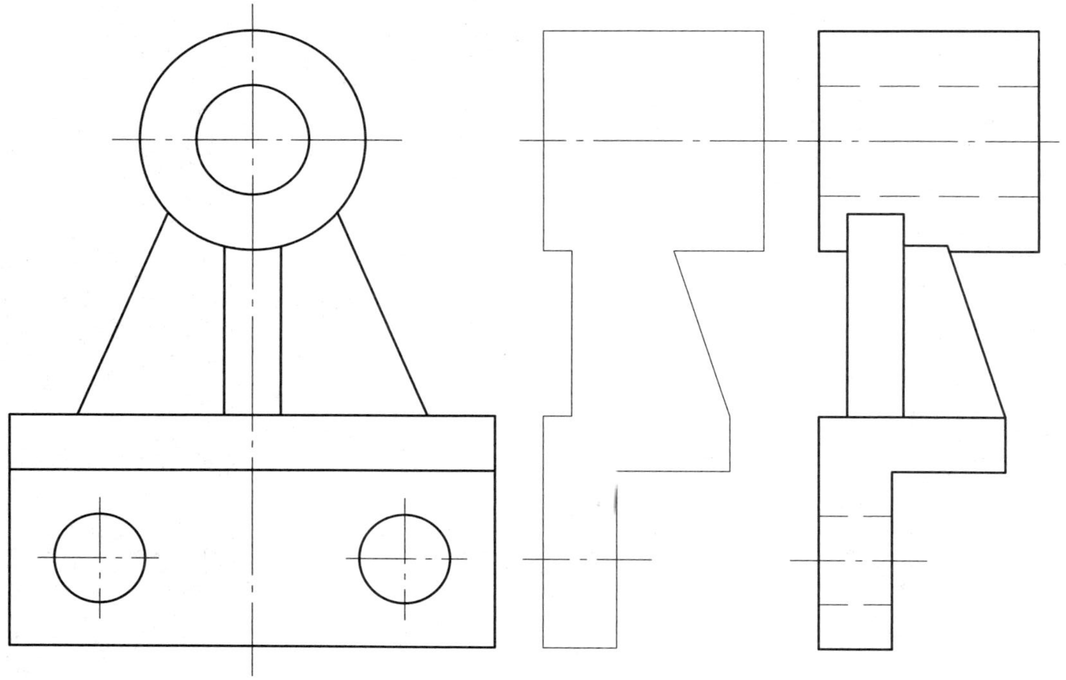

（2）选择合适的剖切平面，将左视图绘制成全剖视图。

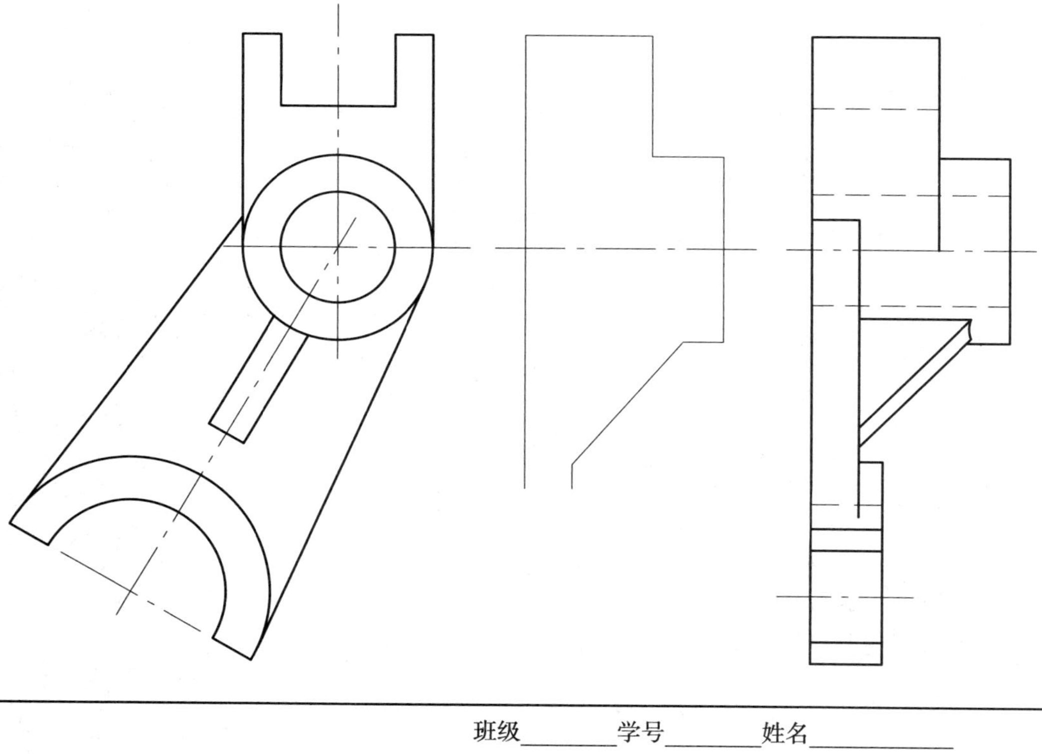

班级________学号________姓名__________

第六章　标准件与通用件表示法

6-1-1　分析视图中螺纹画法的错误，在指定位置画出其正确的图形

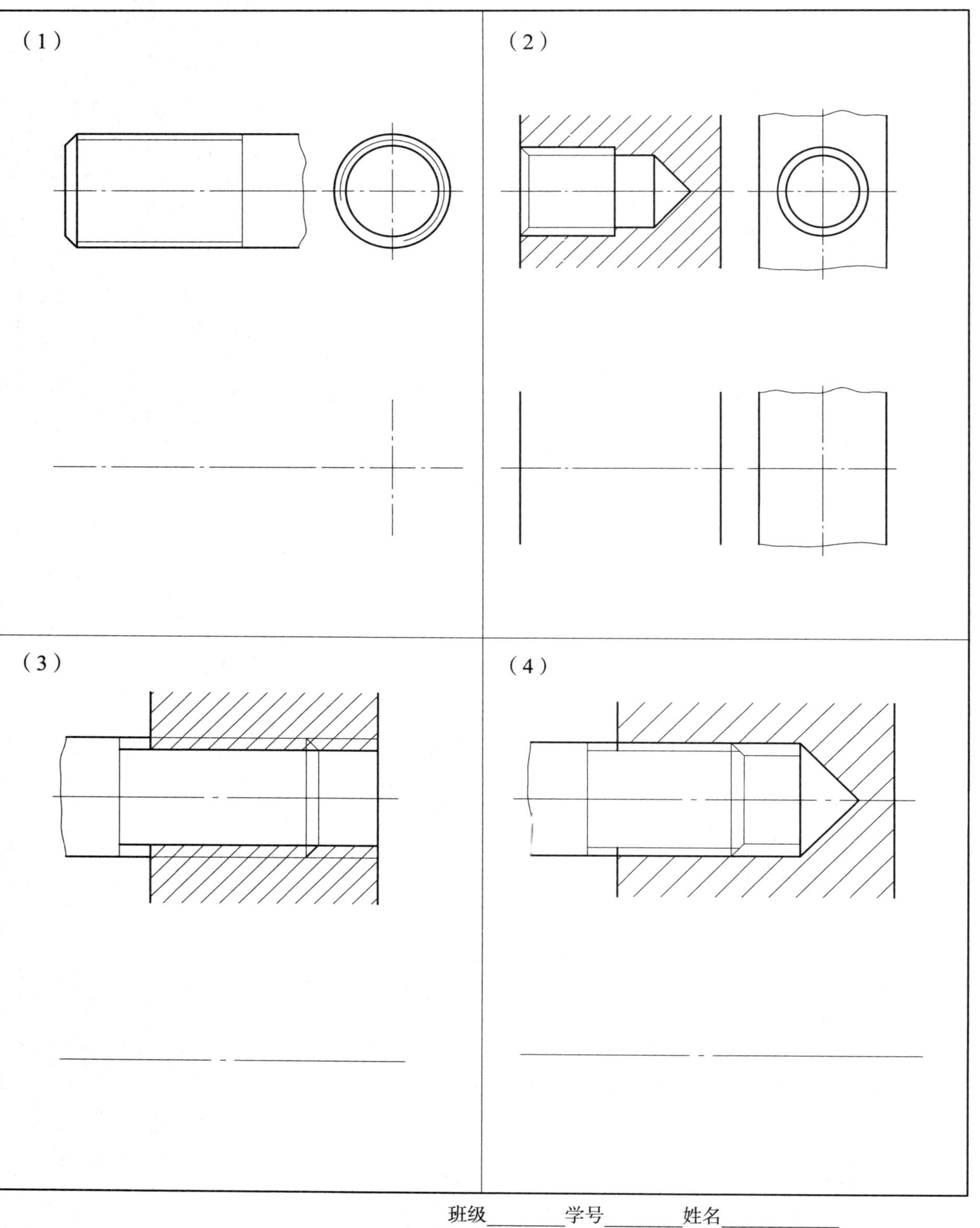

班级________ 学号________ 姓名__________

6-1-2　补全螺栓连接图

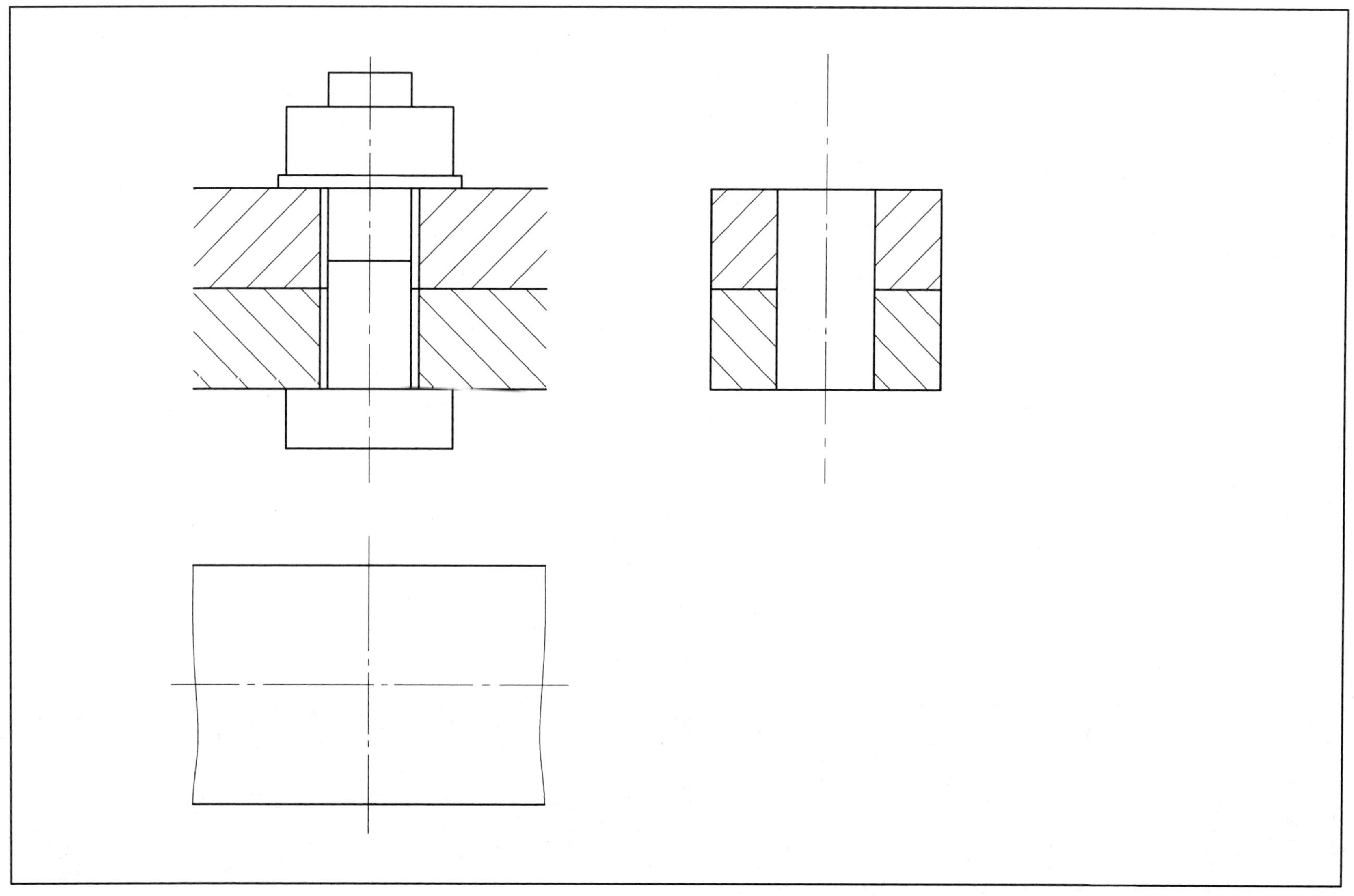

班级________学号________姓名___________

6-1-3 补全螺钉和双头螺柱连接图

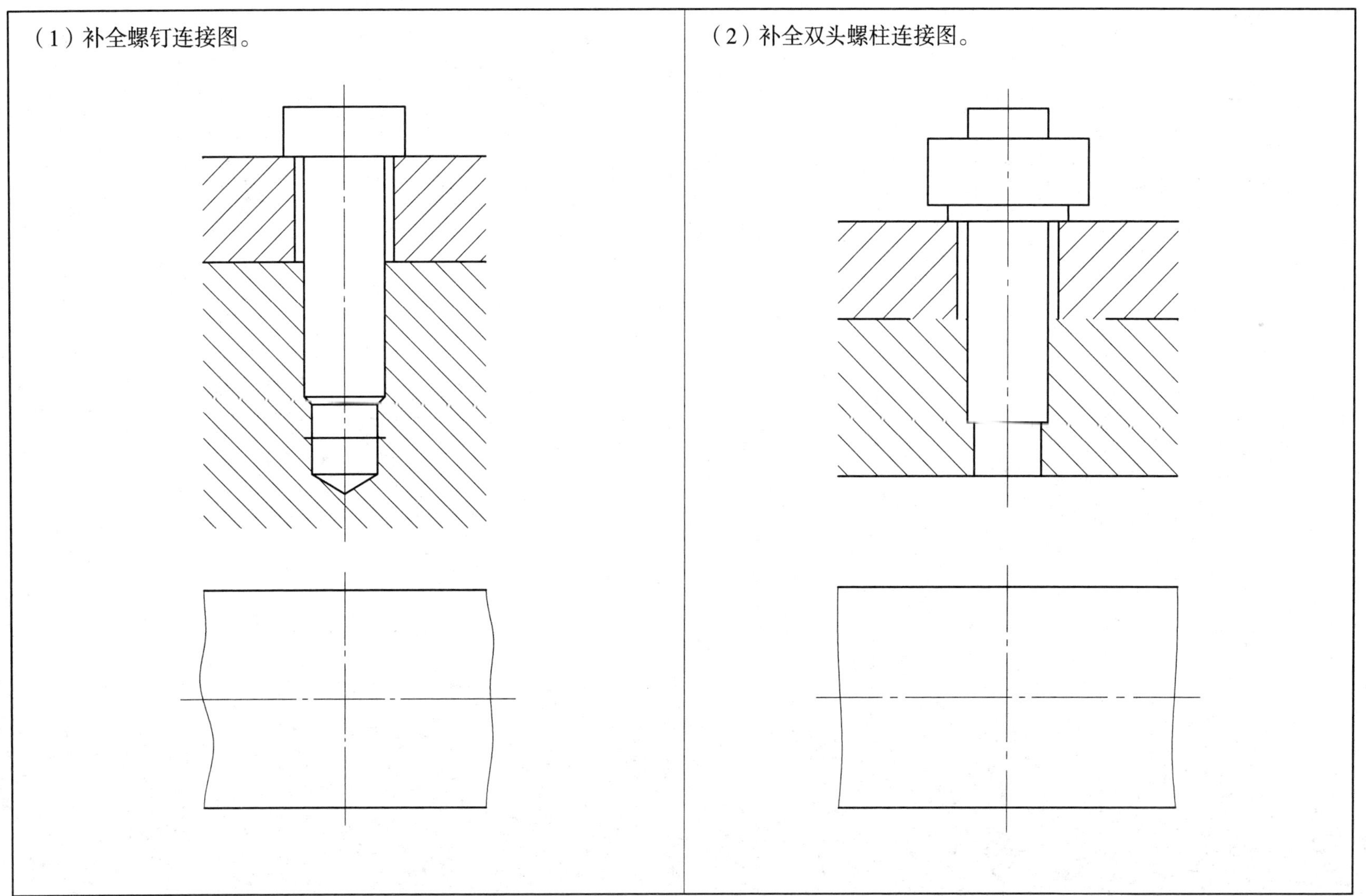

班级________ 学号________ 姓名____________

6-2-1　已知直齿圆柱齿轮的模数为 3.5 mm，齿数为 32，试计算轮齿的有关尺寸，并补全该齿轮两视图（绘图比例 1∶1）

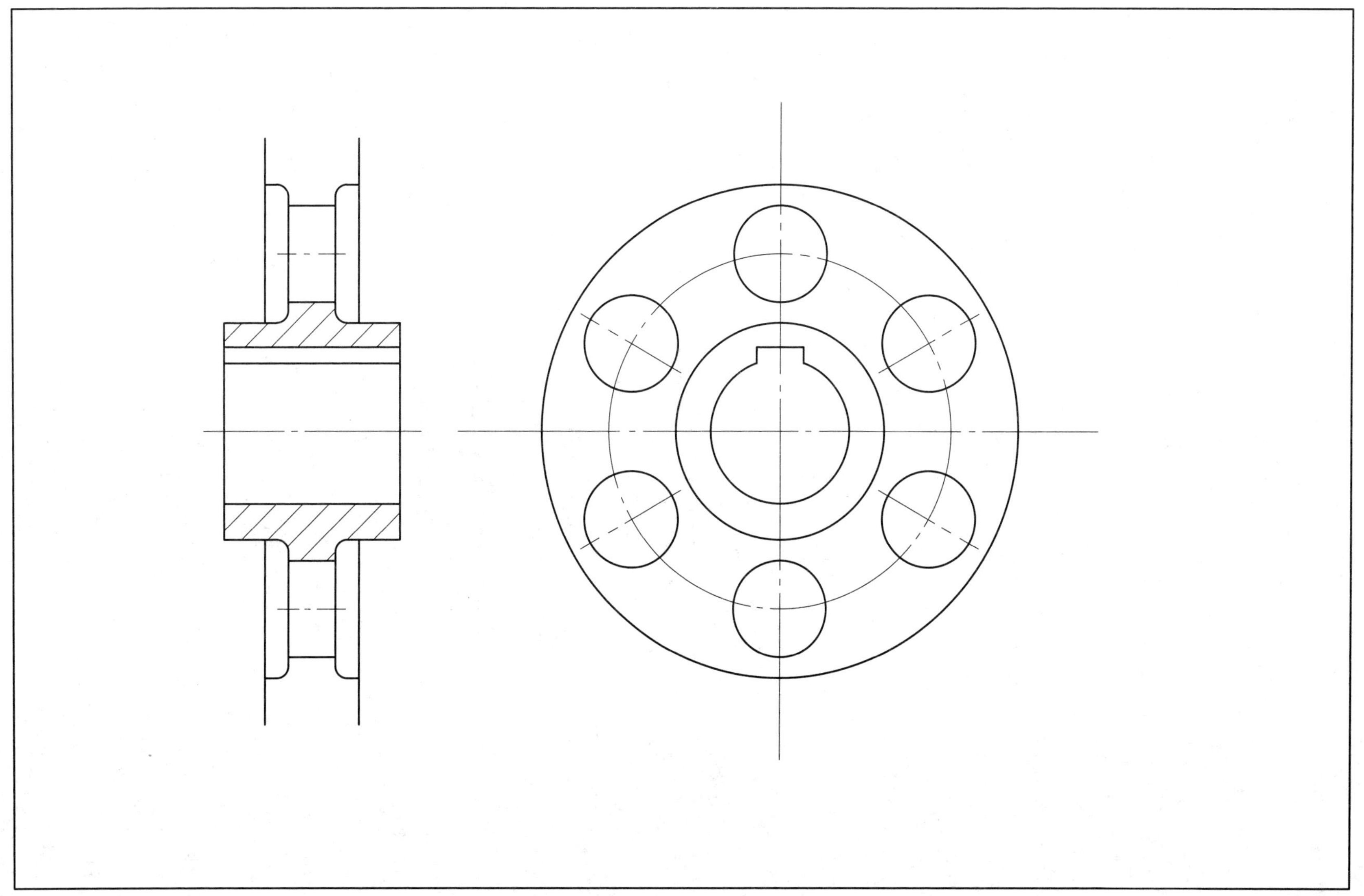

班级________学号________姓名____________

6-2-2　补全直齿圆柱齿轮啮合图

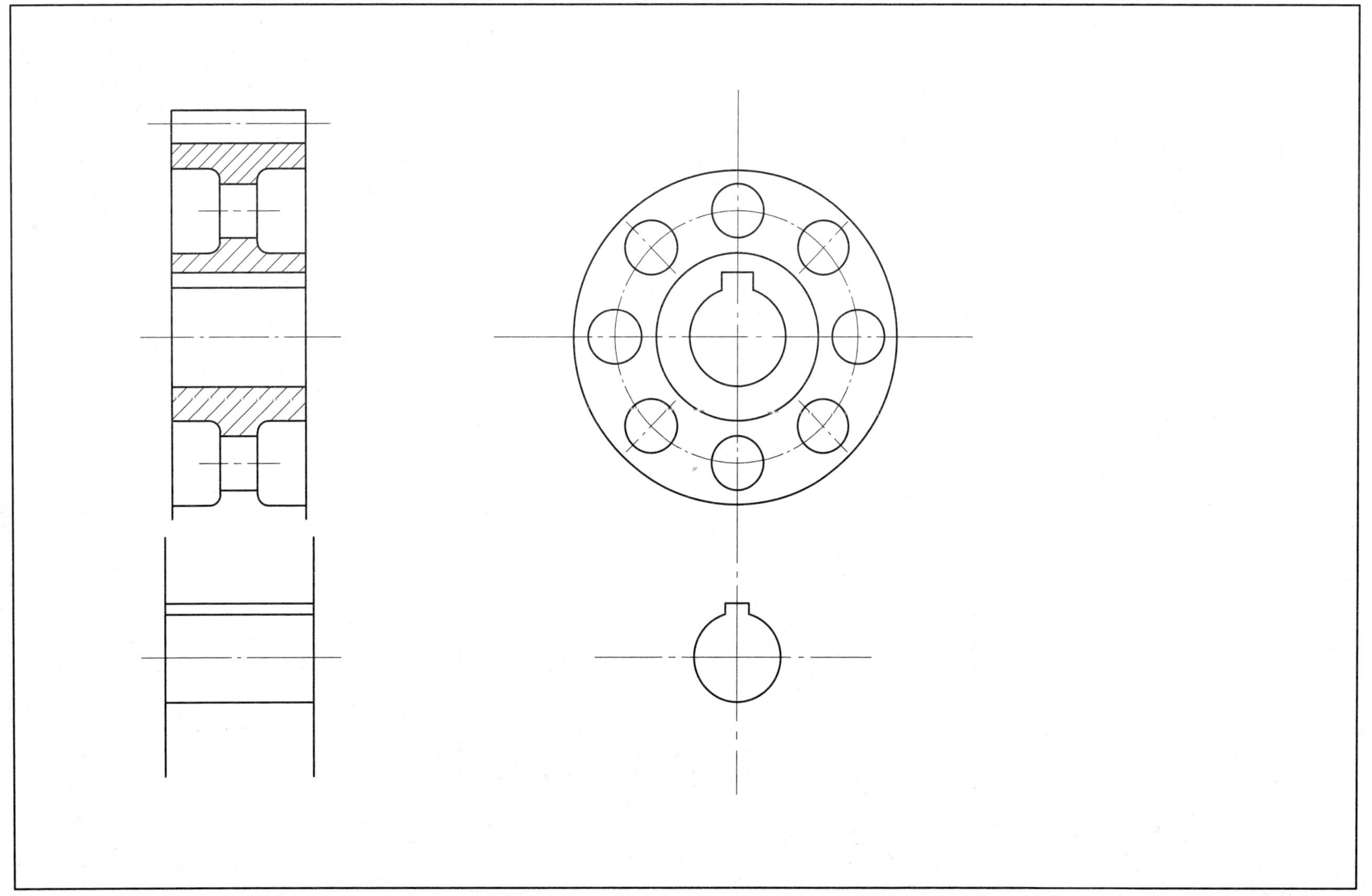

班级________学号________姓名___________

6-2-3　已知锥齿轮的模数 m=3.5 mm，齿数 z=25，试计算轮齿的有关尺寸，并补全该齿轮的两视图（绘图比例 1：1）

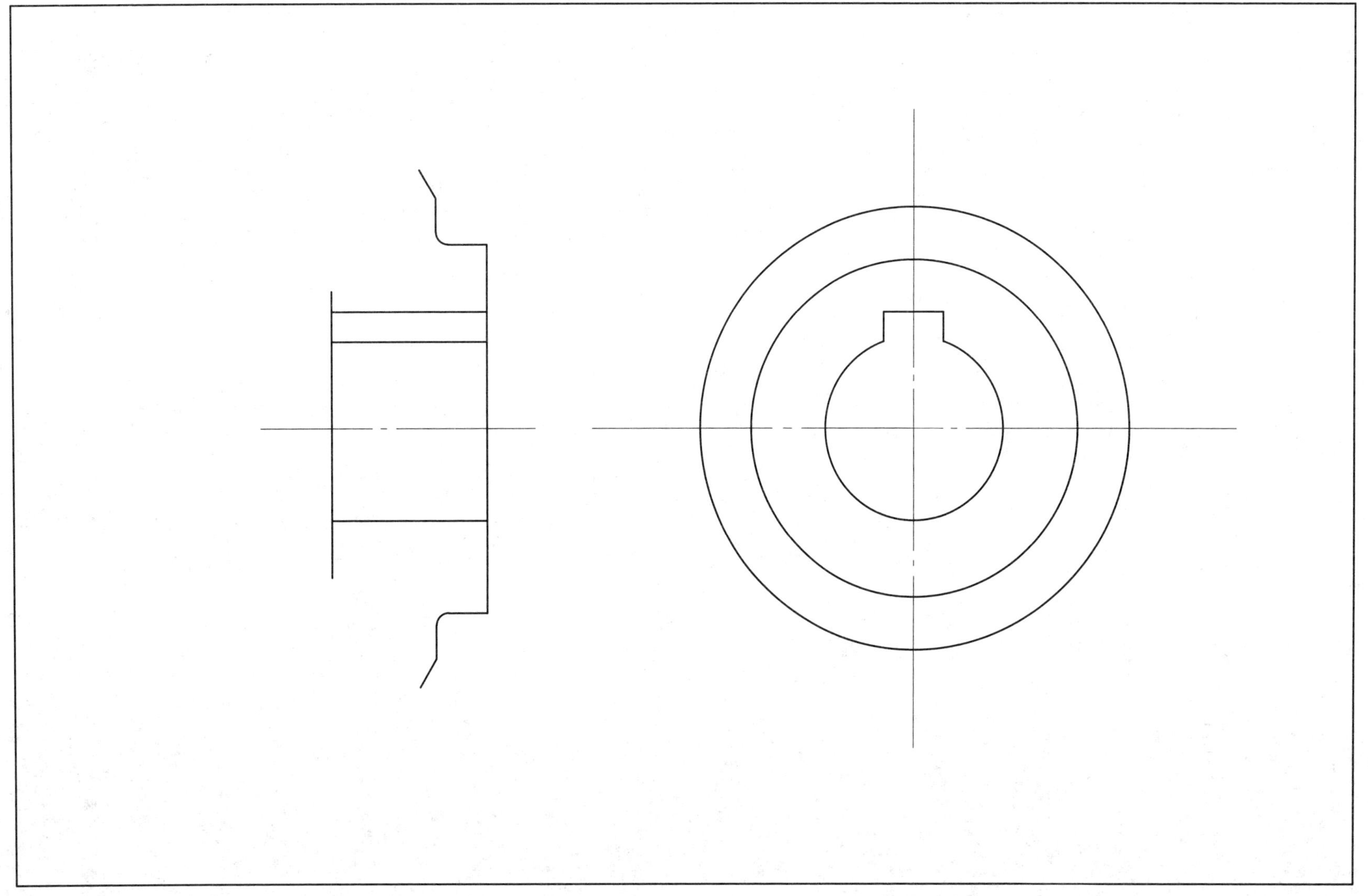

班级________学号________姓名___________

6-2-4　补全直齿锥齿轮啮合图

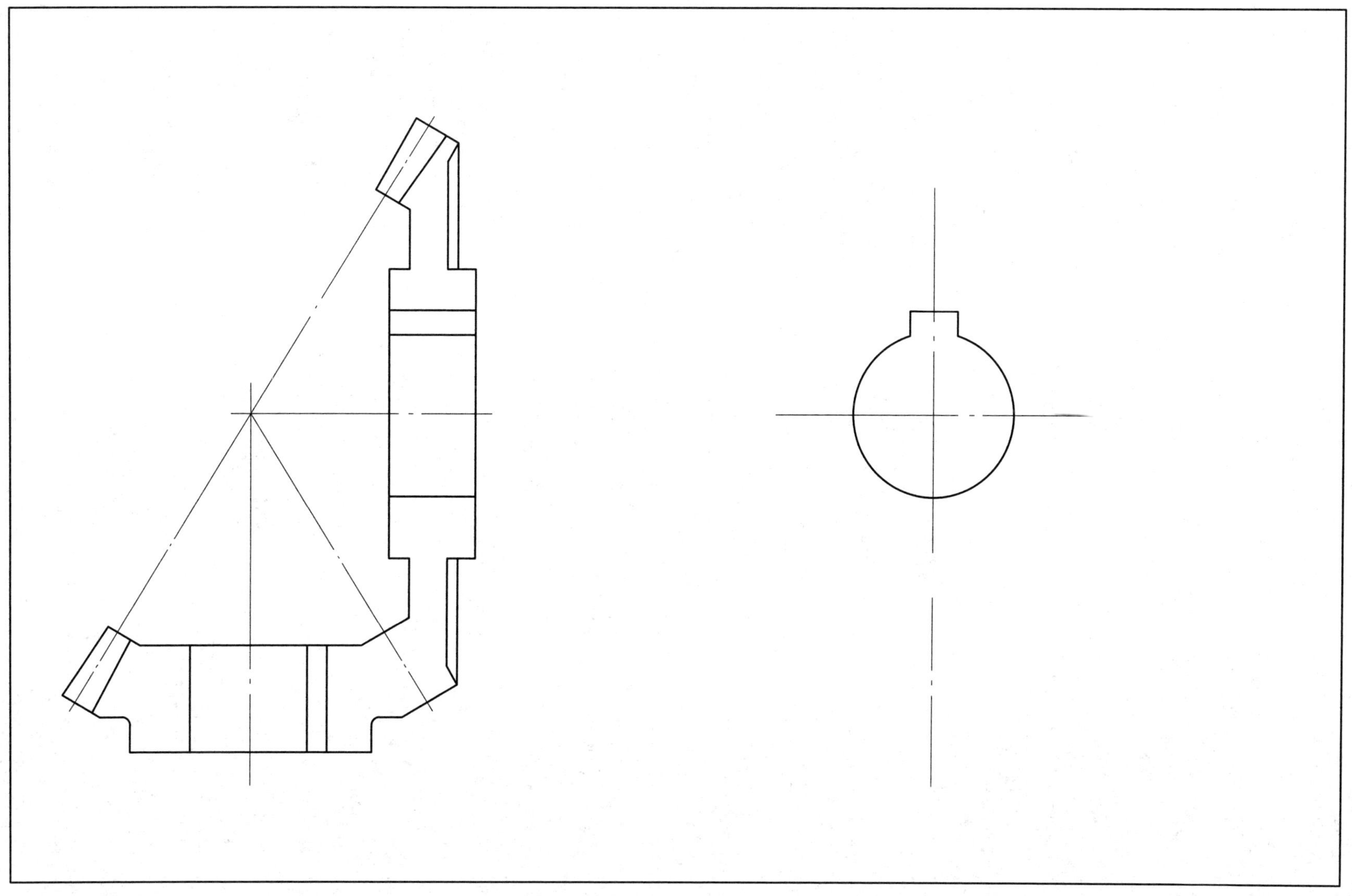

班级________ 学号________ 姓名____________

6-3-1　补全键连接和销连接的视图

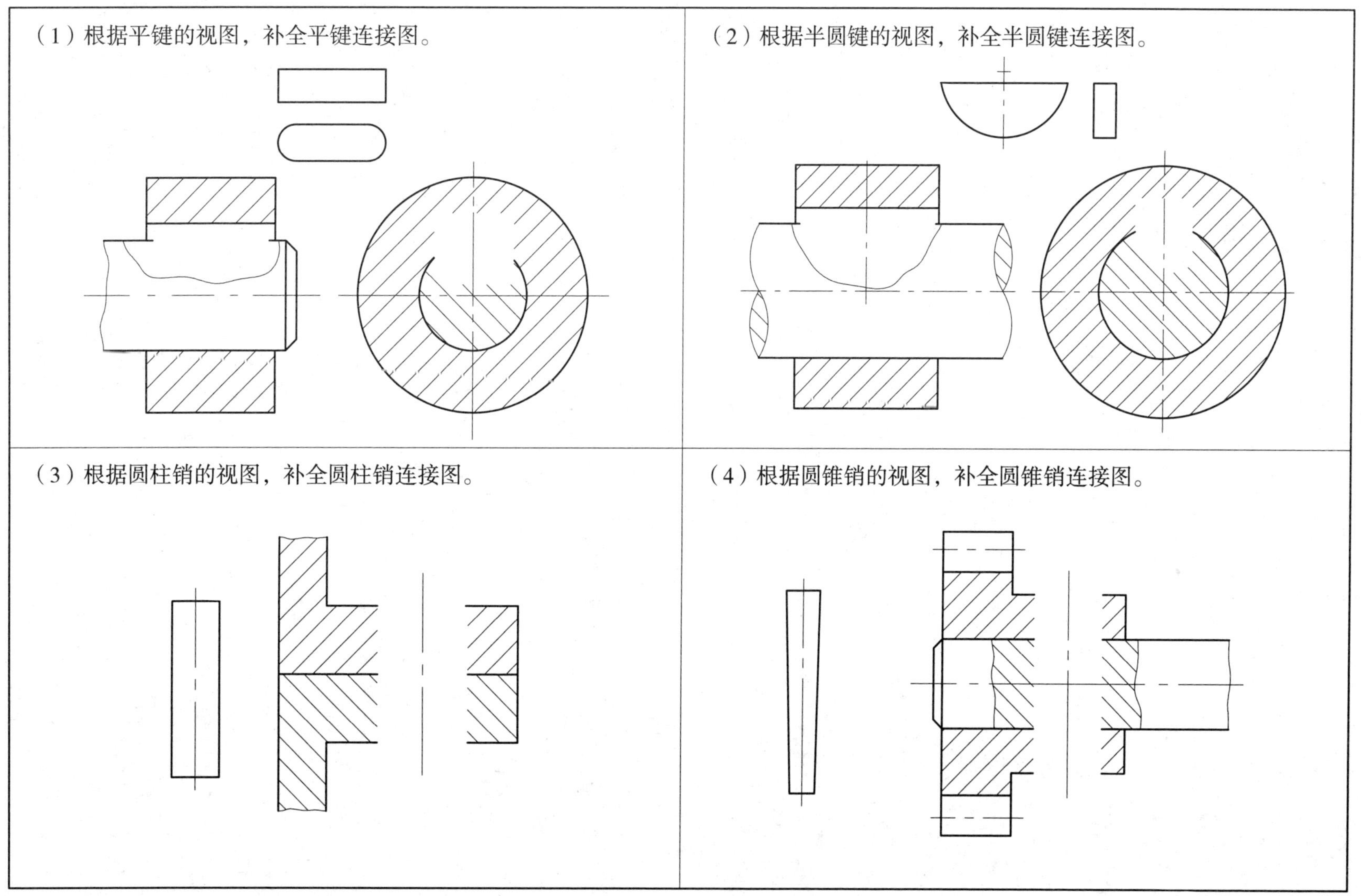

班级________学号________姓名__________

6-4-1　补全滚动轴承的视图

（1）补全深沟球轴承的视图（特征画法）。	（2）补全圆锥滚子轴承的视图（特征画法）。	（3）补全推力球轴承的视图（特征画法）。
（4）补全深沟球轴承的视图（规定画法）。	（5）补全圆锥滚子轴承的视图（规定画法）。	（6）补全推力球轴承的视图（规定画法）。

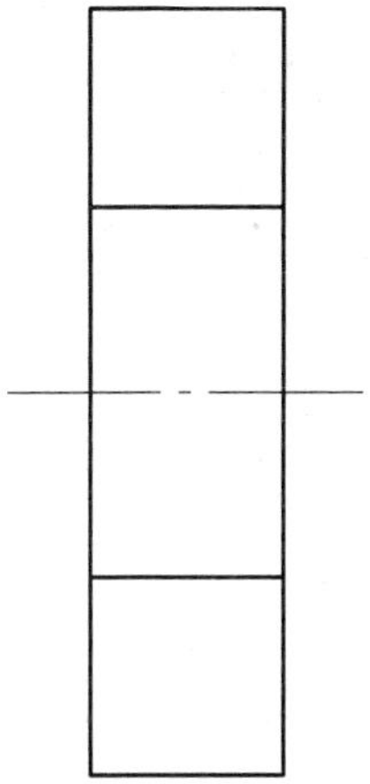

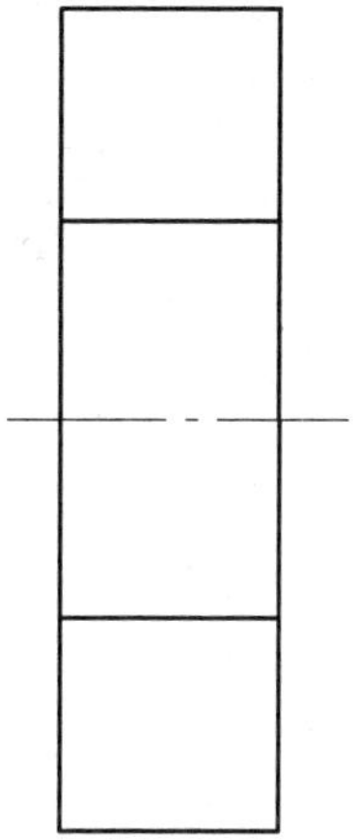

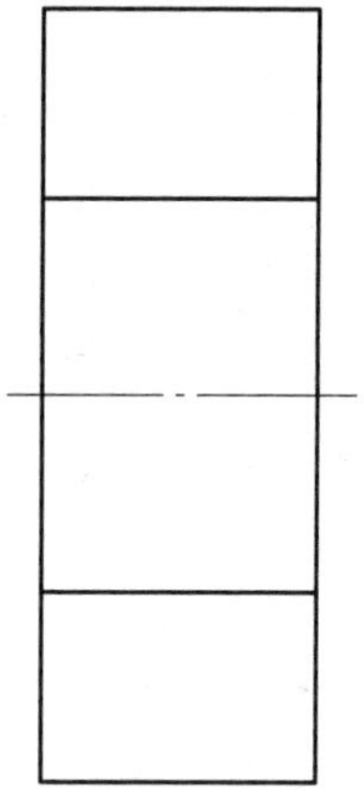

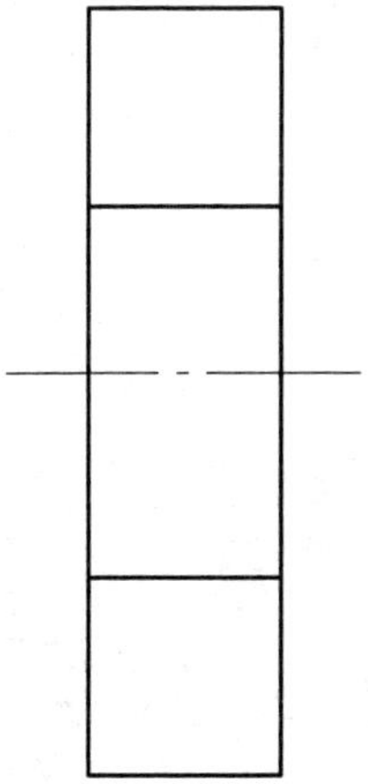

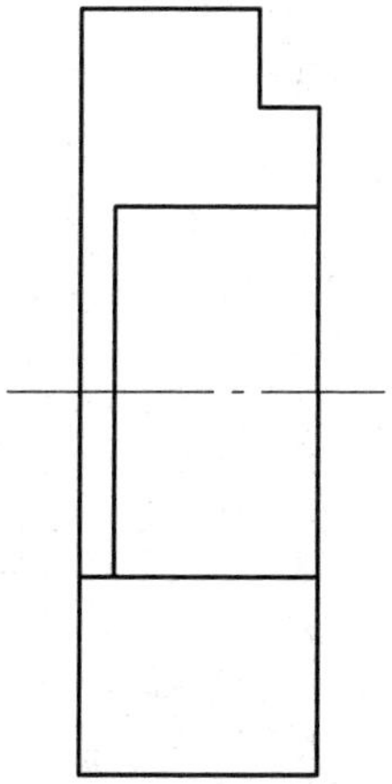

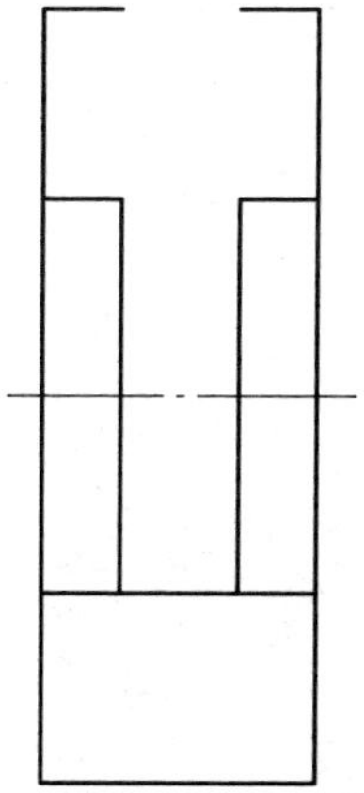

班级________ 学号________ 姓名__________

6-4-2 补全弹簧的视图

（1）补全压缩弹簧的视图。

（2）补全拉伸弹簧的视图。

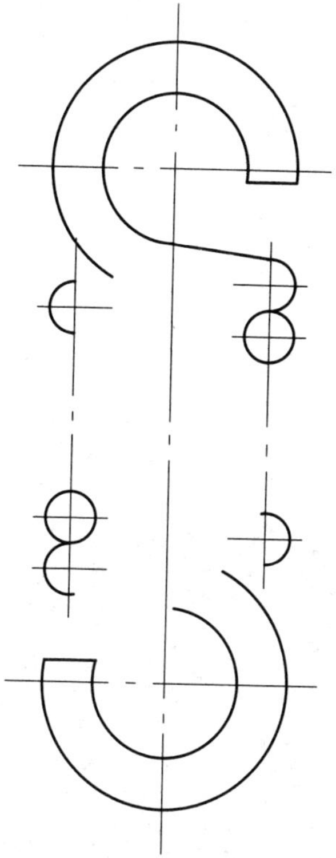

班级________学号________姓名__________

第七章　机械图样的技术要求

7-1-1　识读与标注尺寸公差

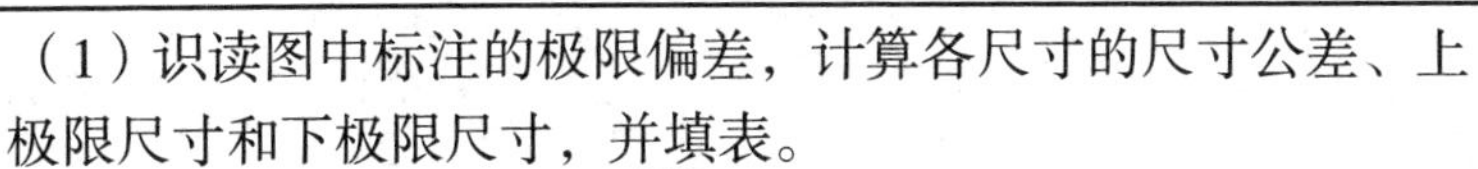

（1）识读图中标注的极限偏差，计算各尺寸的尺寸公差、上极限尺寸和下极限尺寸，并填表。

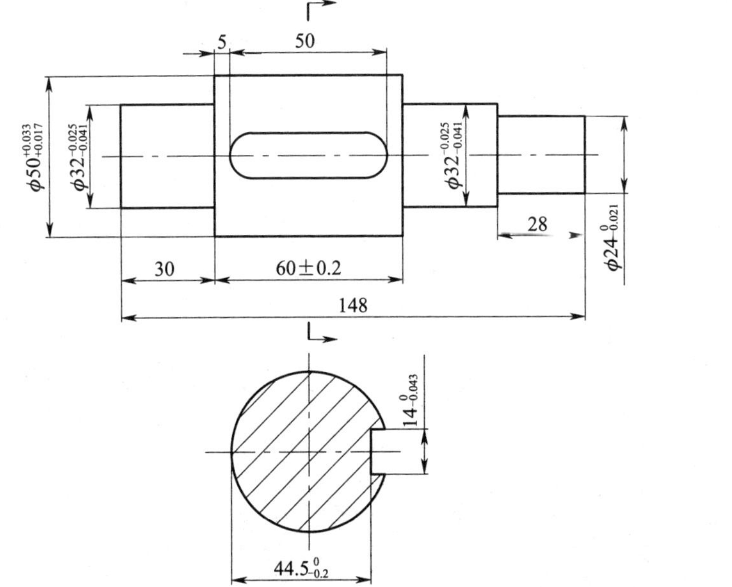

序号	标注尺寸/mm	公称尺寸/mm	上极限偏差/mm	下极限偏差/mm	上极限尺寸/mm	下极限尺寸/mm	尺寸公差/mm
1	$\phi50^{+0.033}_{+0.017}$						
2	$\phi32^{-0.025}_{-0.041}$						
3	$\phi24^{\ 0}_{-0.021}$						
4	$14^{\ 0}_{-0.043}$						
5	$44.5^{\ 0}_{-0.2}$						
6	60±0.2						

（2）根据左图中给出的极限偏差值，查表确定尺寸“$\phi50^{+0.033}_{+0.017}$”“$\phi32^{-0.025}_{-0.041}$”“$\phi24^{\ 0}_{-0.021}$”和“$14^{\ 0}_{-0.043}$”的公差带代号，在下图中进行标注。

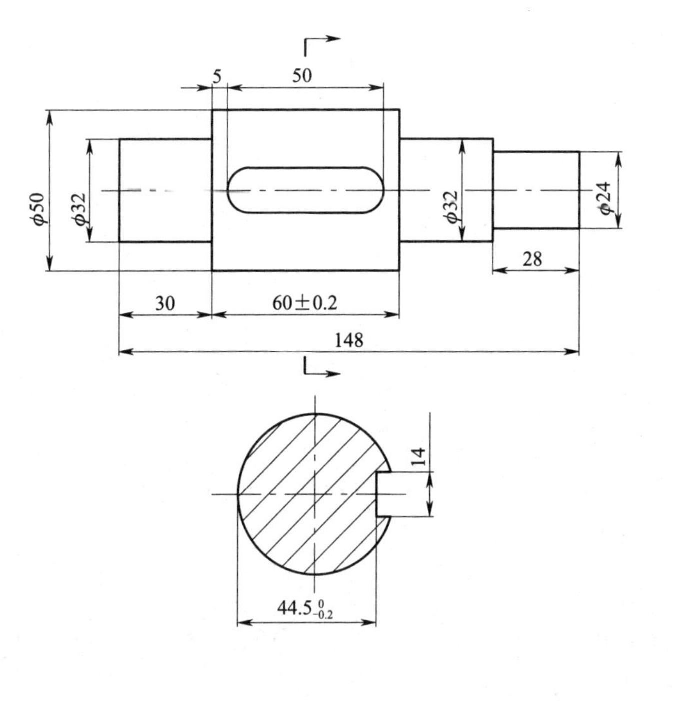

班级________学号________姓名__________

7-1-2 识读与标注配合代号

(1) 识读图样中的配合代号。

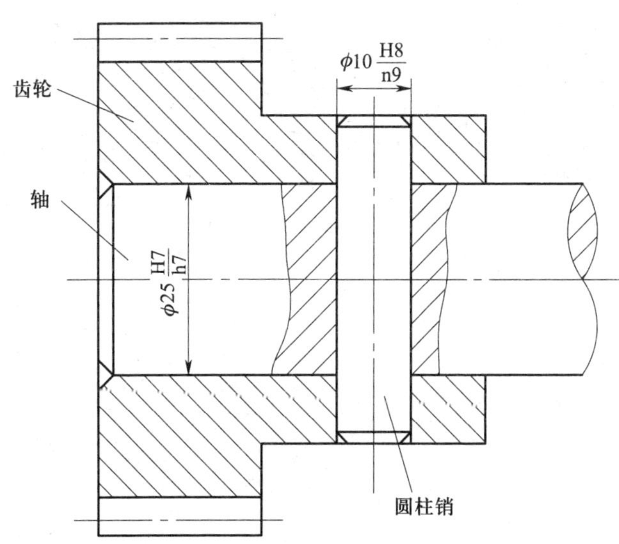

1) $\phi25\frac{H7}{h7}$的公称尺寸为______，是零件______与零件______的配合。其中，孔的公差等级为______，基本偏差代号为______；轴的公差等级为______，基本偏差代号为______。

2) $\phi10\frac{H8}{n9}$的公称尺寸为______，是零件______与零件______和______的配合。其中，孔的公差等级为______，基本偏差代号为______；轴的公差等级为______，基本偏差代号为______。

(2) 根据图样中标注的尺寸公差，查表确定其公差带代号，并在装配图上标注其配合代号。

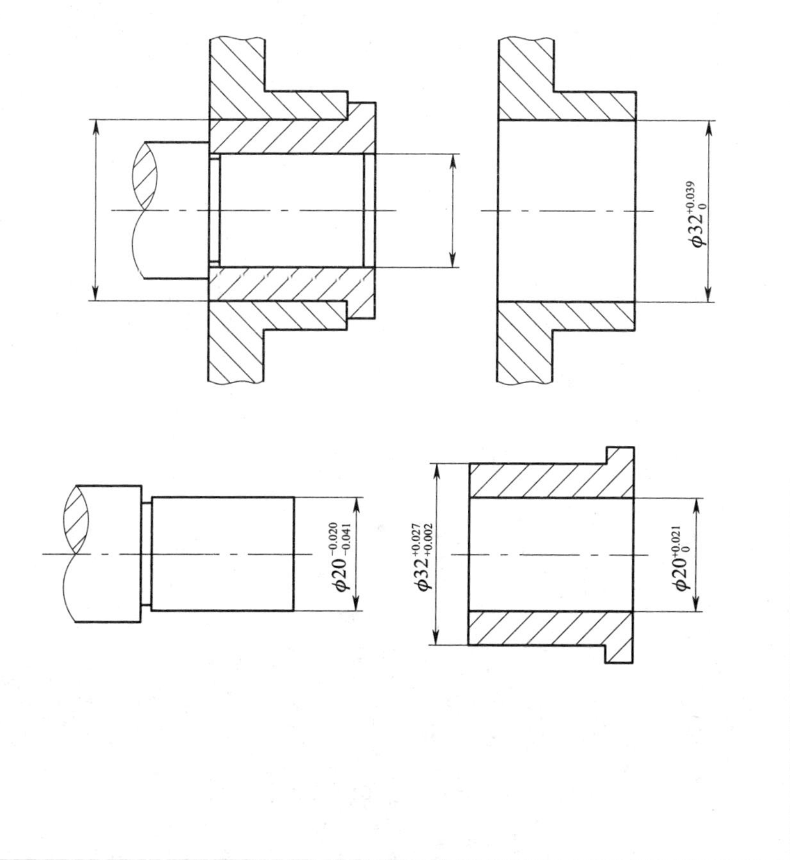

班级______ 学号______ 姓名______

7-2-1　识读图中的几何公差

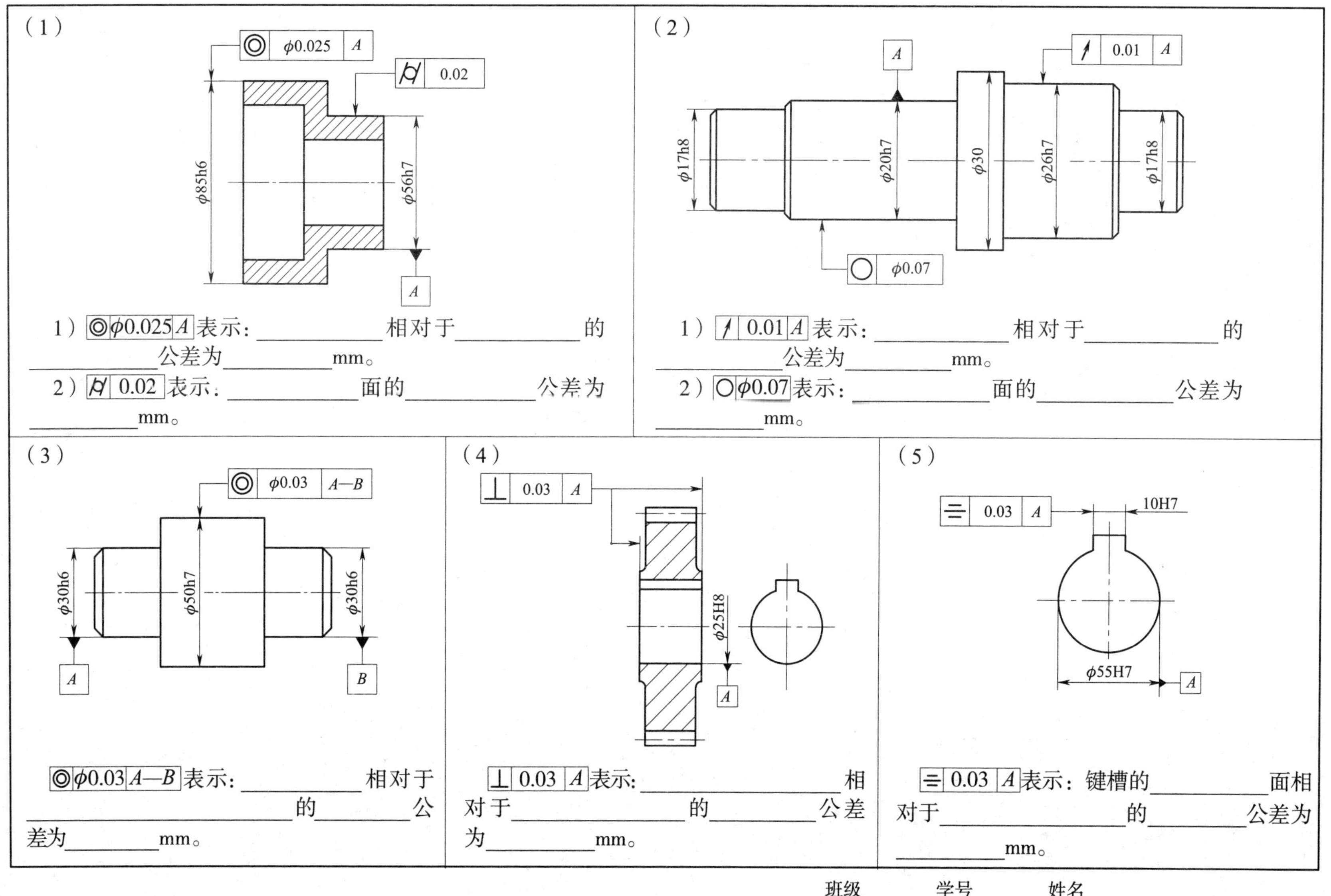

(1)

1）◎φ0.025 A 表示：__________相对于__________的__________公差为__________mm。

2）⌭ 0.02 表示：__________面的__________公差为__________mm。

(2)

1）↗ 0.01 A 表示：__________相对于__________的__________公差为__________mm。

2）○φ0.07 表示：__________面的__________公差为__________mm。

(3)

◎φ0.03 A—B 表示：__________相对于__________的__________公差为__________mm。

(4)

⊥ 0.03 A 表示：__________相对于__________的__________公差为__________mm。

(5)

⌯ 0.03 A 表示：键槽的__________面相对于__________的__________公差为__________mm。

班级________学号________姓名__________

7-2-2　标注几何公差

（1）ϕ20h7 圆柱的轴线相对于零件右端面的垂直度公差为 0.05 mm。

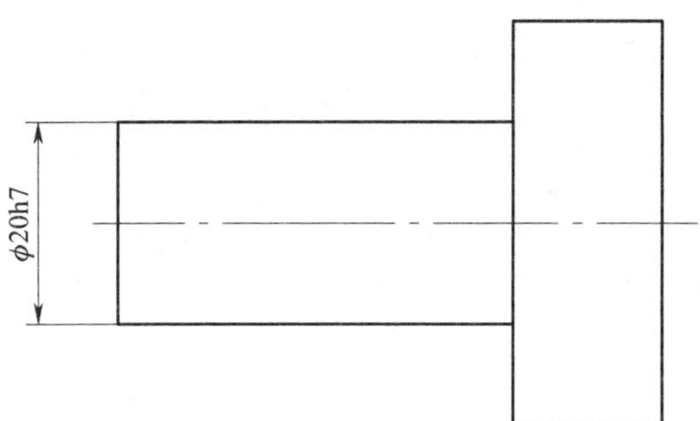

（2）ϕ21H6 孔的轴线相对于零件上端平面的平行度公差为 0.03 mm。

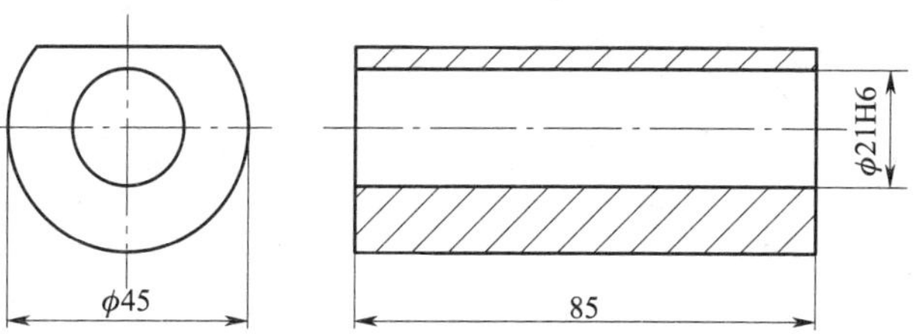

（3）上侧 ϕ45H7 孔的轴线相对于下侧 ϕ50H7 孔轴线的平行度公差为 ϕ0.05 mm。

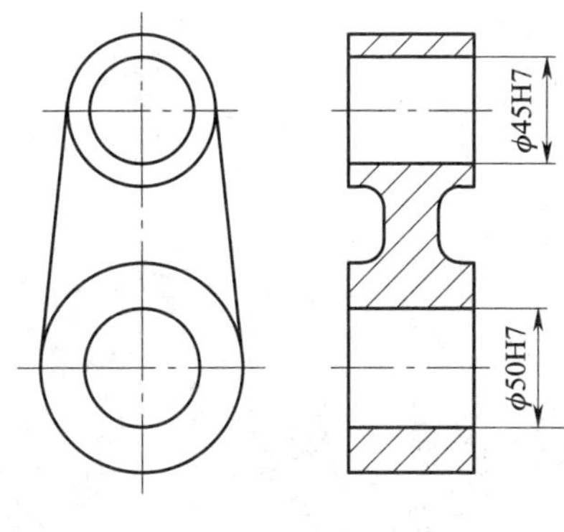

（4）ϕ64h7 圆柱面的轴线相对于 ϕ40H6 孔的轴线的同轴度公差为 ϕ0.02 mm。

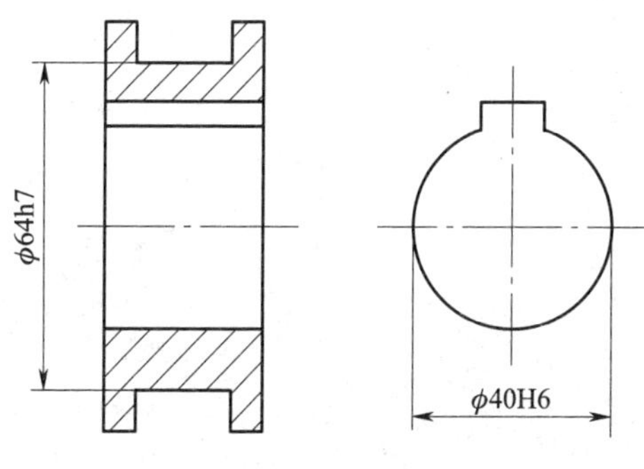

班级________学号________姓名____________

7-3-1　识读图中的表面结构符号

（1）

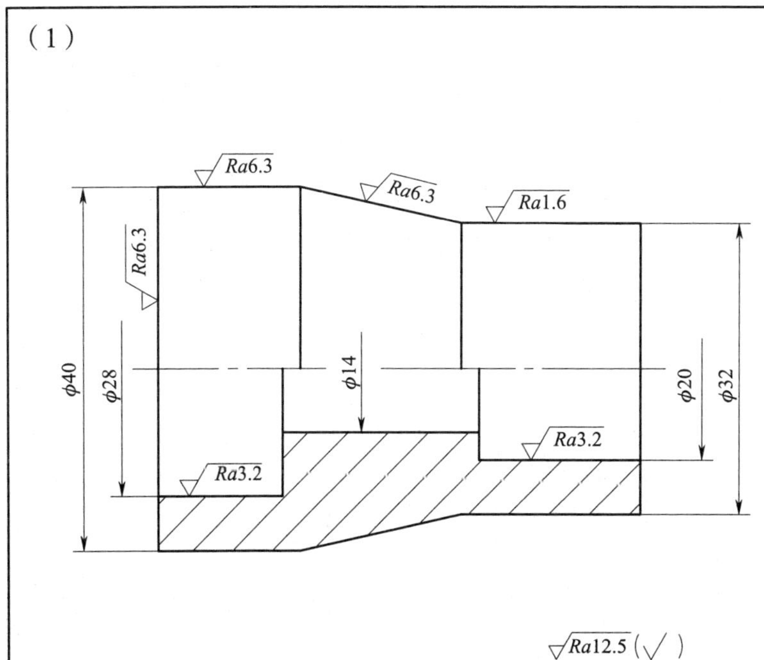

表面名称	φ28 mm 孔	φ20 mm 孔	零件左端面	零件右端面
表面结构符号				
表面名称	圆锥面	φ14 mm 孔	φ40 mm 圆柱面	φ32 mm 圆柱面
表面结构符号				

（2）

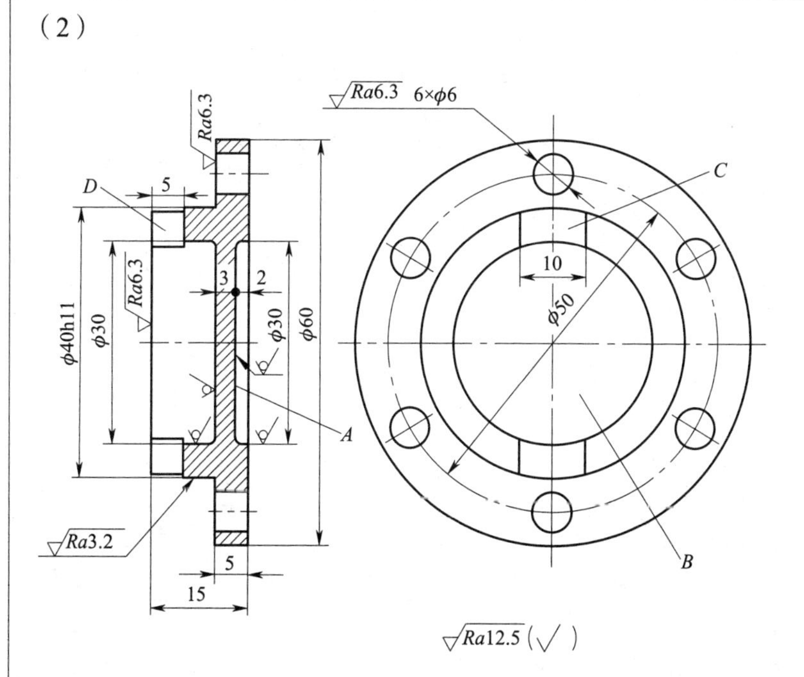

表面名称	左侧 φ30 mm 孔	6×φ6 mm 孔	零件左端面	零件右端面
表面结构符号				
表面名称	*A* 面	*B* 面	*C* 面	*D* 面
表面结构符号				

班级________学号________姓名____________

7-3-2　分析图中表面结构符号标注的错误，在下图中进行正确标注

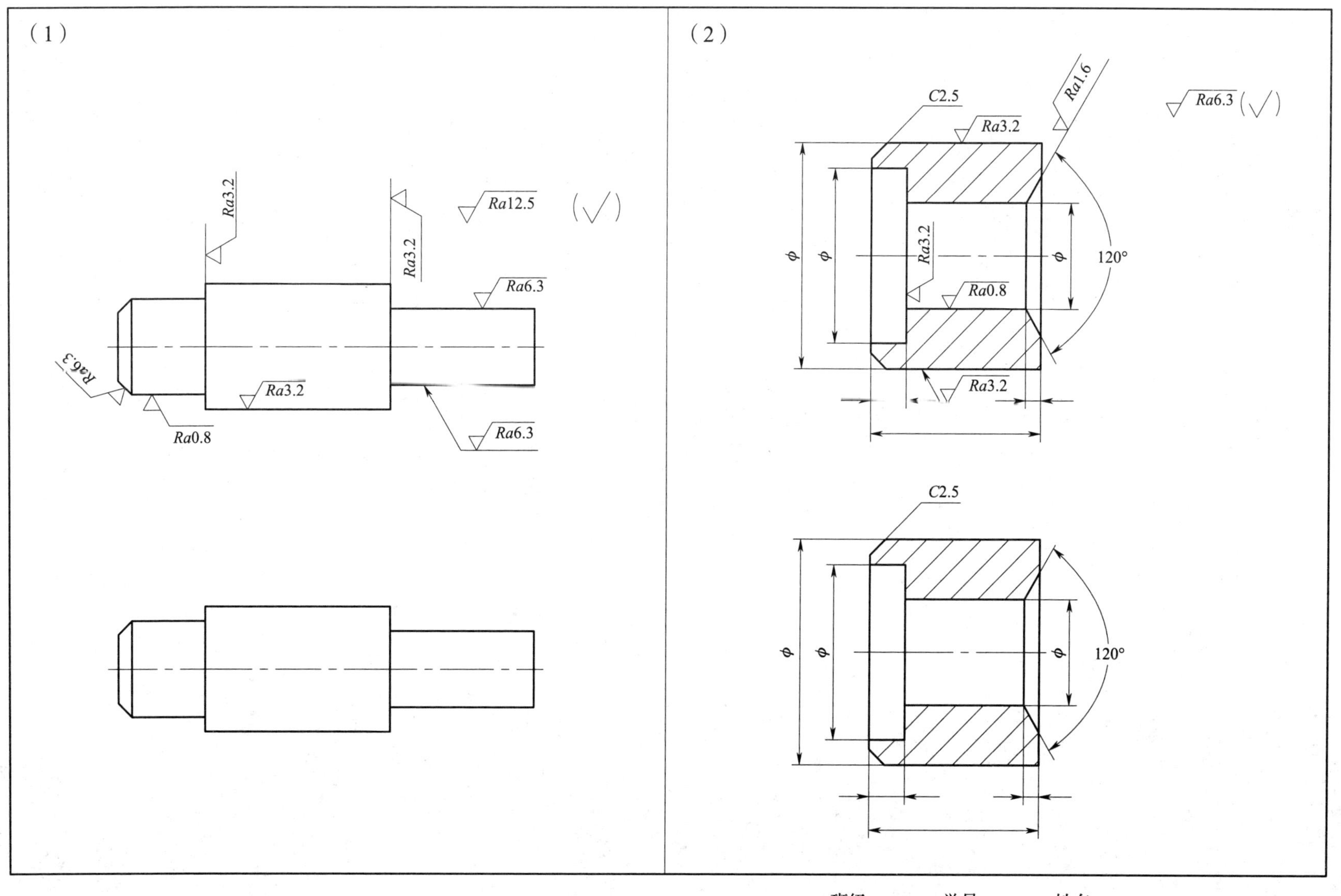

班级________学号________姓名____________

第八章 零件图与装配图

8-1-1 识读泵轴零件图，回答问题

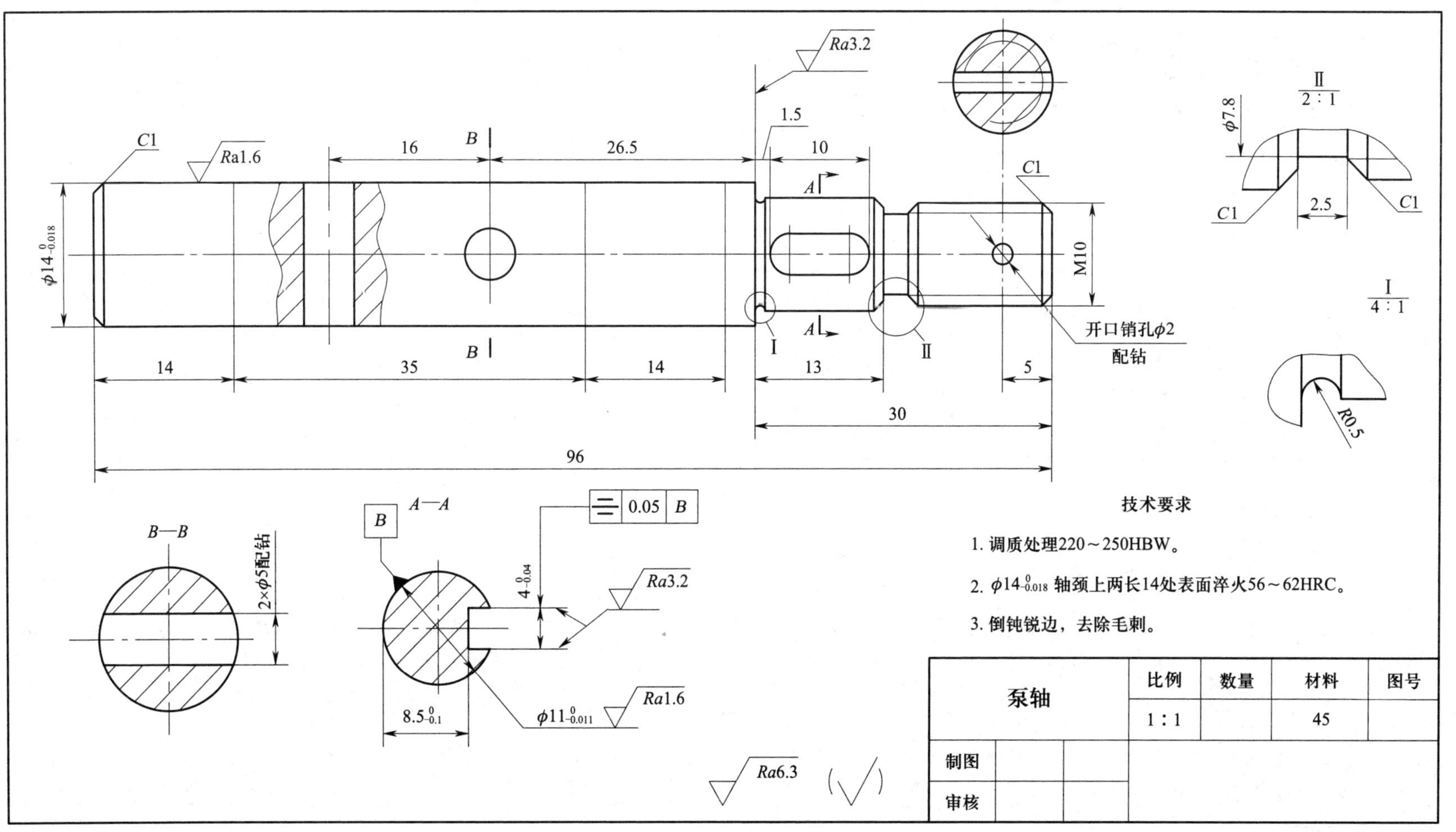

班级________ 学号________ 姓名__________

识读泵轴的零件图，回答下列问题：

（1）表达该零件共用了________个图形，其中有________个基本视图。

（2）*A*—*A* 是________________图，*B*—*B* 是________________图。图形上方标注 I 的是____________________图，标注 II 的是________________图。

（3）基本视图采用的绘图比例是________。图 I 的绘图比例是________，图 II 的绘图比例是________。

（4）| ⌯ | 0.05 | *B* | 表示：被测要素是__________________，基准要素是____________________，几何公差项目是________________，公差值为__________。

（5）尺寸“$\phi14_{-0.018}^{0}$”的公称尺寸为________mm，上极限尺寸为________mm，下极限尺寸为________mm。

（6）图中标注“M10”处的结构是________。

（7）直径为 5 mm 的孔有_______个，其定位尺寸为_______和________。

（8）确定键槽形状的尺寸有________、________和________，确定其位置的尺寸为________。

（9）*C*1 mm 的倒角共有________处。

（10）在零件的右侧有一个安装开口销用的圆孔，其定形尺寸为________，定位尺寸为________。

（11）$\phi14_{-0.018}^{0}$ mm 圆柱面的表面粗糙度 *Ra* 值为________μm，2×ϕ5 mm 孔的表面粗糙度 *Ra* 值为________μm，键槽两侧面的表面粗糙度 *Ra* 值为________μm。

（12）在图中标注了两个长度尺寸“14”，表示的是在标注尺寸的这两段轴颈上需要进行________________处理。

班级________ 学号________ 姓名__________

8-1-2 识读电容器支架零件图，回答问题

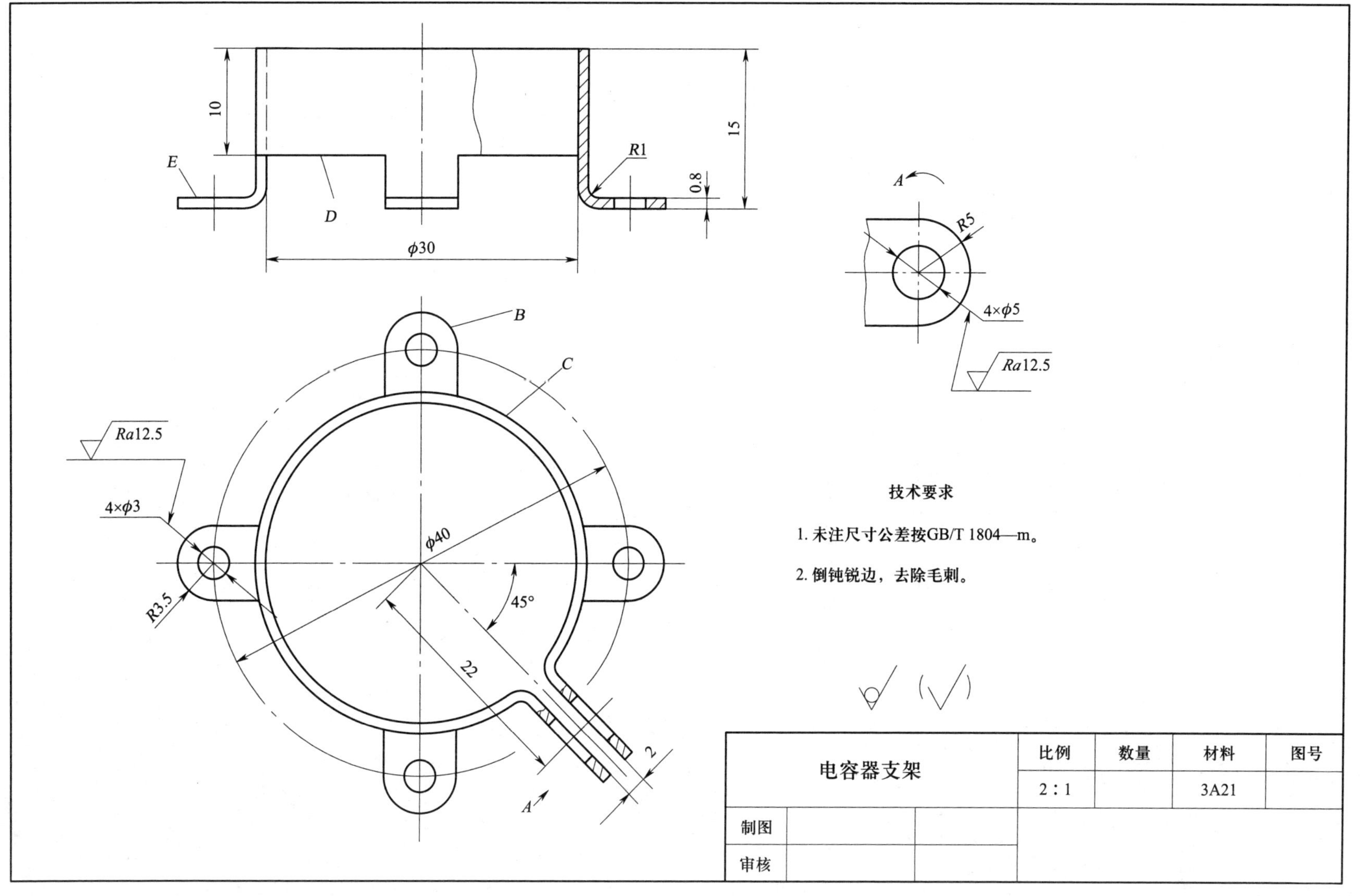

班级________学号________姓名__________

8-1-2（续）

识读电容器支架零件图，回答下列问题：

（1）该零件采用了__________、__________和__________________三个视图表达其形状结构，其中主视图采用________剖视，俯视图采用__________剖视。

（2）“A ↗⌒”中的符号“↗⌒”表示斜视图按箭头所示方向________________。绘制 A 向视图时，该图形相对于投影方向________时针旋转了________度。

（3）该零件的板厚为________mm；该零件上共有________个 $\phi3$ mm 的孔，其定位尺寸为________。

（4）$4\times\phi5$ mm 孔的定位尺寸为________和________，其轴线距离底面________mm。

（5）字母 B 指引处圆弧的半径为________mm，字母 C 指引处圆弧的半径为________mm。

（6）D 面到 E 面的距离为________mm。

（7）$4\times\phi3$ mm 孔的表面结构符号为____________，$\phi30$ mm 内圆柱面的表面结构符号为____________。

（8）图中的尺寸均未注出公差，其尺寸公差应按________________控制。

班级________学号________姓名__________

8-1-3 识读拨叉零件图，回答问题

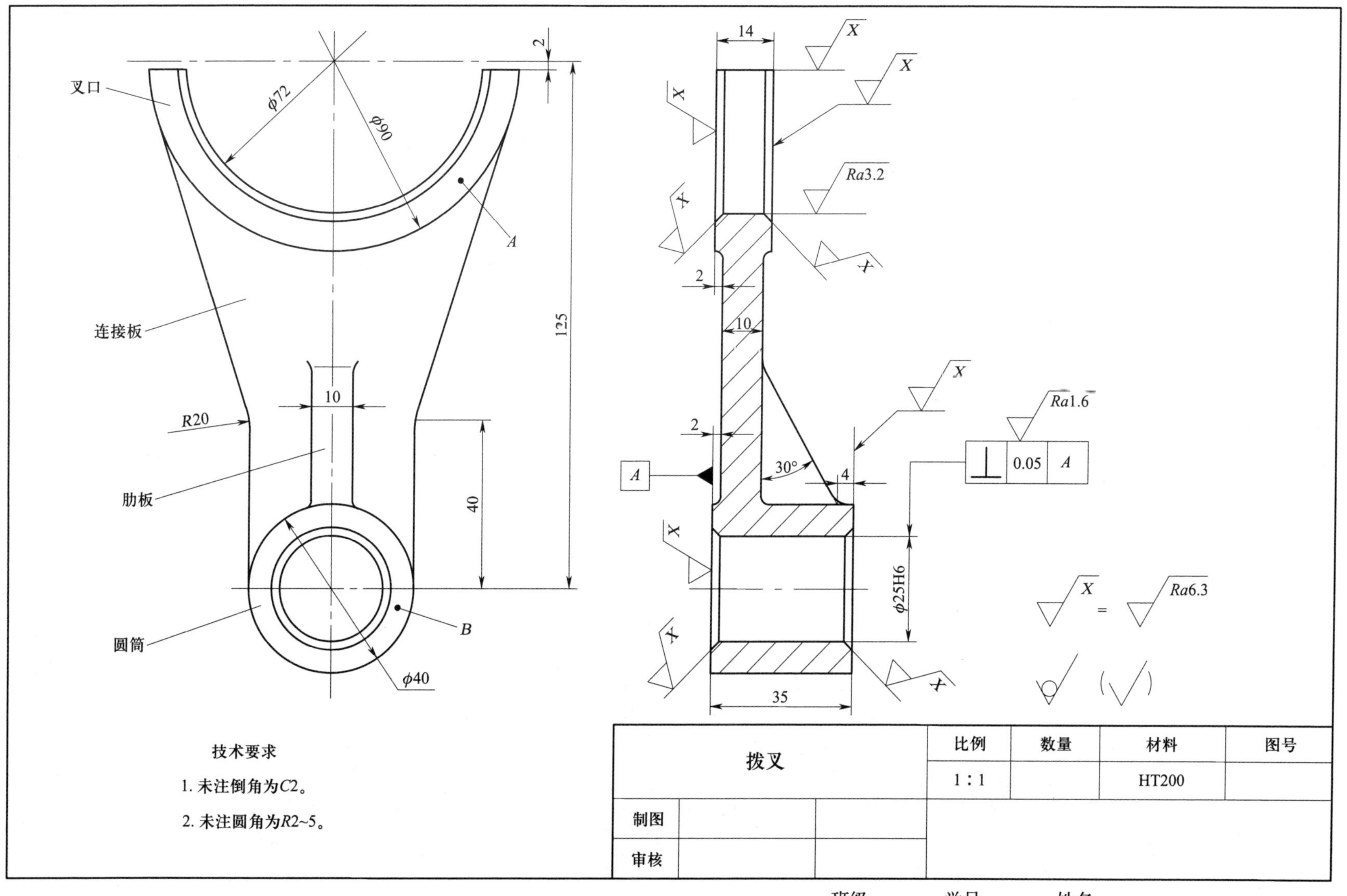

班级________学号________姓名__________

8-1-3（续）

识读拨叉零件图，回答下列问题：

（1）该零件共用了________个视图表达其结构，左视图采用了________剖视。

（2）该零件图上共有________处倒角，其尺寸为________。

（3）确定肋板形状的尺寸有________、________和________。

（4）零件下方圆筒的内孔直径尺寸为________，表面粗糙度 *Ra* 值为________μm；外圆直径尺寸为________，表面结构符号为________；圆筒宽度方向的定形尺寸为________。

（5）零件上部叉口的半圆槽的半径为________mm，表面粗糙度 *Ra* 值为________μm，叉口的厚度为________mm，其中心到 ϕ25H6 孔中心的距离为________mm。

（6）连接板的定形尺寸有________、________和________。

（7）*A* 面到 *B* 面的距离为________mm。

（8）ϕ25H6 孔的上极限尺寸为________mm，下极限尺寸为________mm。

（9）| ⊥ | 0.05 | *A* | 表示：被测要素为______________________，基准要素为______________________，几何公差项目为____________，公差值为________mm。

班级________学号________姓名____________

8-2-1　识读定位器装配图

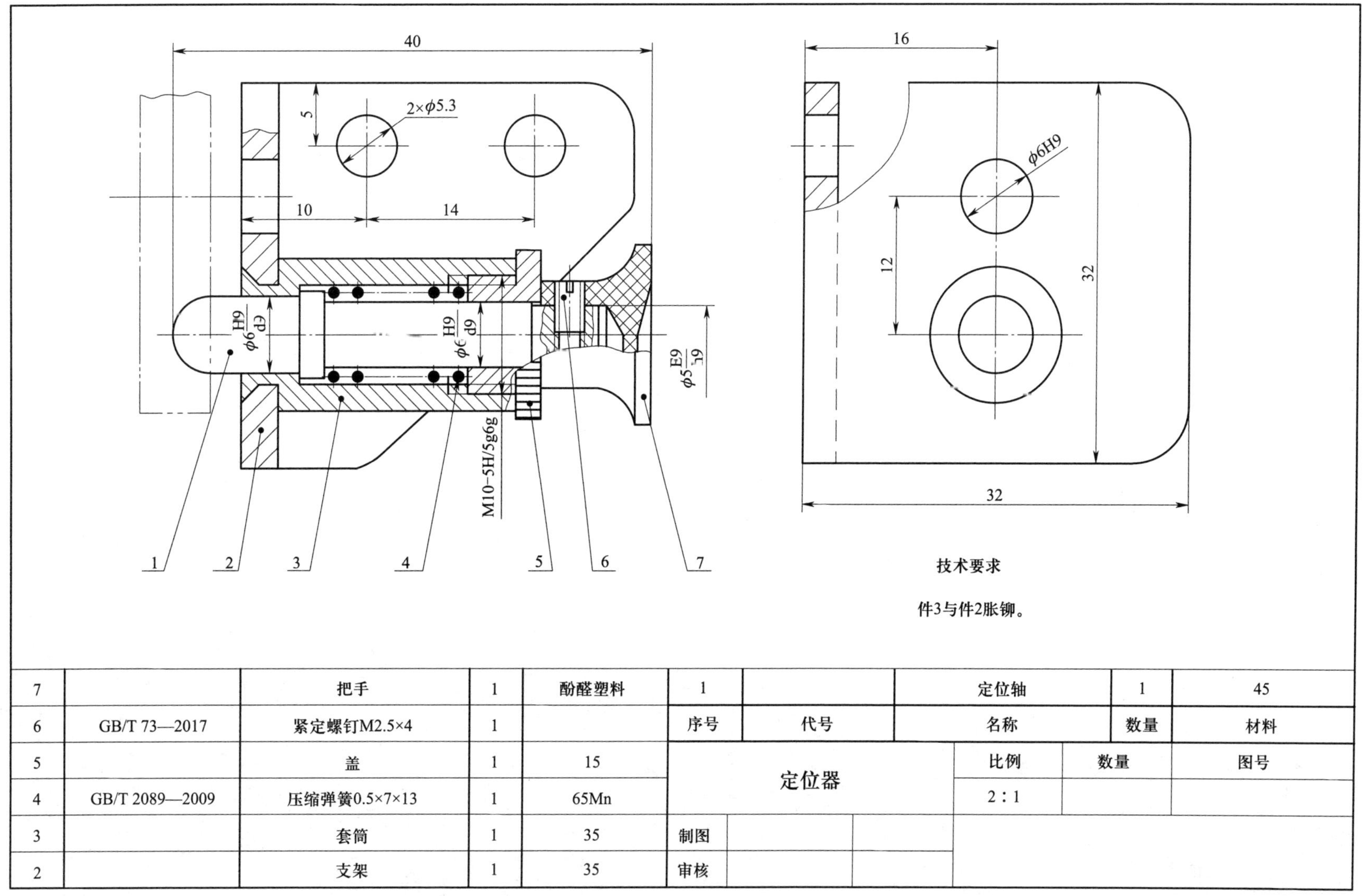

技术要求

件3与件2胀铆。

序号	代号	名称	数量	材料
7		把手	1	酚醛塑料
6	GB/T 73—2017	紧定螺钉M2.5×4	1	
5		盖	1	15
4	GB/T 2089—2009	压缩弹簧0.5×7×13	1	65Mn
3		套筒	1	35
2		支架	1	35
1		定位轴	1	45

定位器	比例	数量	图号
	2：1		
制图			
审核			

班级________学号________姓名__________

8-2-1（续）

定位器工作原理：定位器通常安装在电子仪器箱体上，图中 2×ϕ5.3 mm 孔是该装配体的安装孔。工作时，定位轴 1 的半圆球端插入需要变换位置的定位板（图中用细双点画线表示）中。需换位时，可将把手 7 向外（右）拉出，待定位板转位后再松开把手 7，在压缩弹簧 4 的作用下，使定位轴 1 的半圆球端再插入定位板的另一个定位孔中。

识读定位器装配图，并回答下列问题：

（1）该装配图共用了________个视图表达其结构，它们分别是________视图和________视图；该装配图的主视图采用________剖视。

（2）零件 1 左侧不画剖面符号的原因是__________________。

（3）该装配图所示位置定位板________（能，不能）变换位置。

（4）套筒和支架之间是用________连接的，零件 1 和零件 7 之间是用________连接的。

（5）压缩弹簧被压在零件______________________和零件____________________之间。

（6）ϕ5.3 mm 的孔有________个，其作用是________________，其定位尺寸是________、________和________。在装配图中，该孔的定形、定位尺寸统称为________尺寸。

（7）该零件的总长为________，总宽为________，总高为________。

（8）$\phi 6\dfrac{H9}{d9}$是__________尺寸，它表示零件__________和零件__________之间的配合，配合种类是__________配合。

（9）在零件__________、__________、__________和__________上加工了螺纹。

（10）在该装配图中，弹簧采用了________表示的方法。

（11）拆画套筒的视图（主要尺寸依据装配图上标注的尺寸，其他尺寸根据结构形状自行确定）。

班级________学号________姓名__________

8-2-2　识读气动行程开关装配图

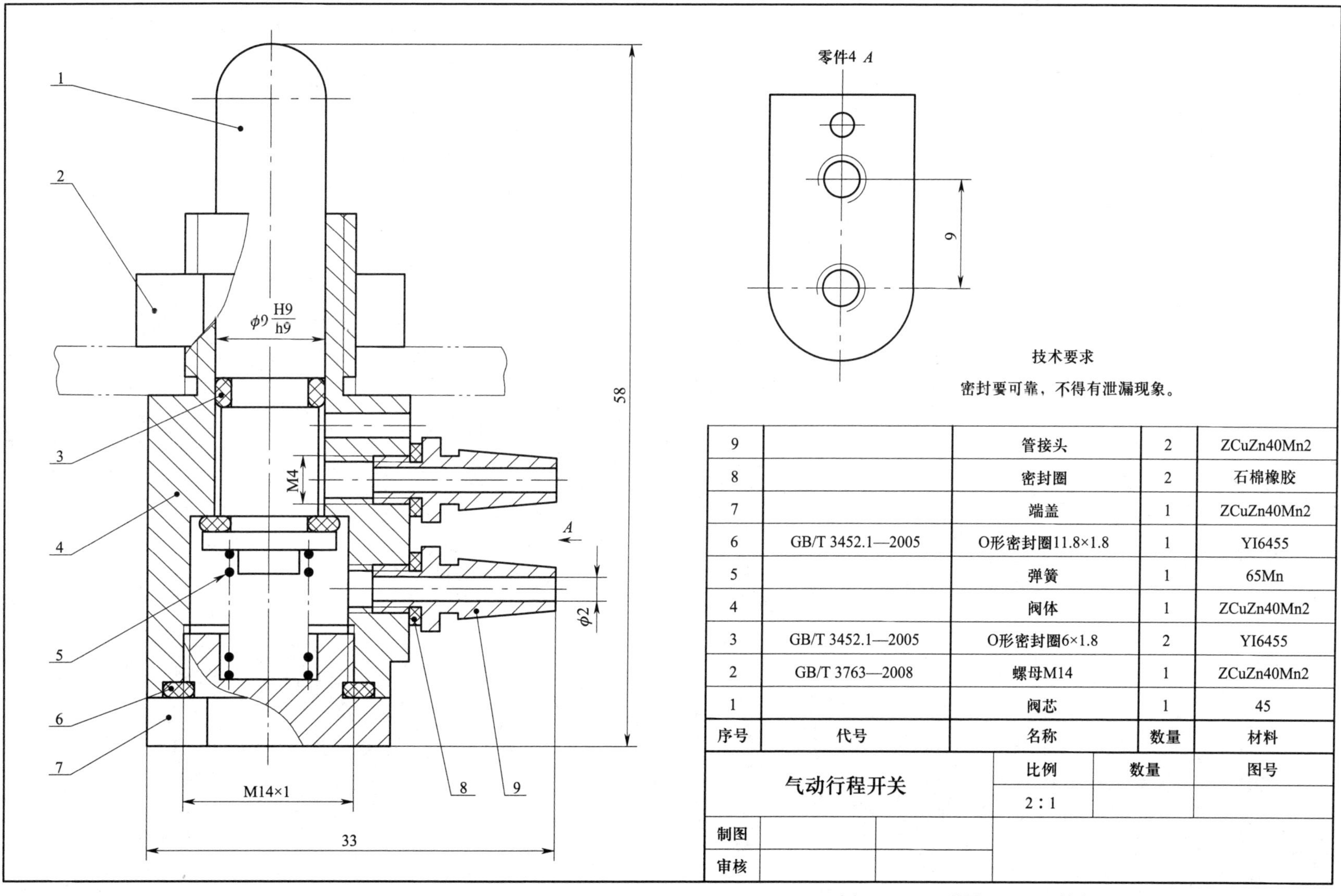

技术要求

密封要可靠，不得有泄漏现象。

序号	代号	名称	数量	材料
9		管接头	2	ZCuZn40Mn2
8		密封圈	2	石棉橡胶
7		端盖	1	ZCuZn40Mn2
6	GB/T 3452.1—2005	O形密封圈11.8×1.8	1	YI6455
5		弹簧	1	65Mn
4		阀体	1	ZCuZn40Mn2
3	GB/T 3452.1—2005	O形密封圈6×1.8	2	YI6455
2	GB/T 3763—2008	螺母M14	1	ZCuZn40Mn2
1		阀芯	1	45

气动行程开关		比例	数量	图号
		2 : 1		
制图				
审核				

班级________ 学号________ 姓名____________

8-2-2（续）

说明：该气动行程开关下侧管接头的气口为进气口，接压缩空气，上侧管接头的气口为出气口，出气口上侧的小孔为排气口。 识读气动行程开关装配图，回答下列问题： （1）该装配图共用了________个视图，分别是________视图和________视图。 （2）细双点画线表达的是工作台，气动行程开关用零件________固定在工作台上。 （3）该零件上的密封部位共有________处，阀体上共有________处螺纹。 （4）尺寸$\phi 9\frac{H9}{h9}$属于________尺寸，它表示零件________和零件________之间的配合，配合种类是________配合。 （5）该装配体的总长是________，总高是________。 （6）当气动行程开关处于图示位置时，气路________（接通、关闭）。 （7）当压下阀芯时，排气口________________（接通出气口、关闭）。 （8）当阀芯复位时，系统中残余的压缩空气通过________排出。	（9）拆画阀体的视图（主要尺寸依据装配图上标注的尺寸，其他尺寸根据结构形状自行确定）。

班级________学号________姓名____________

8-2-3　识读传动器装配图

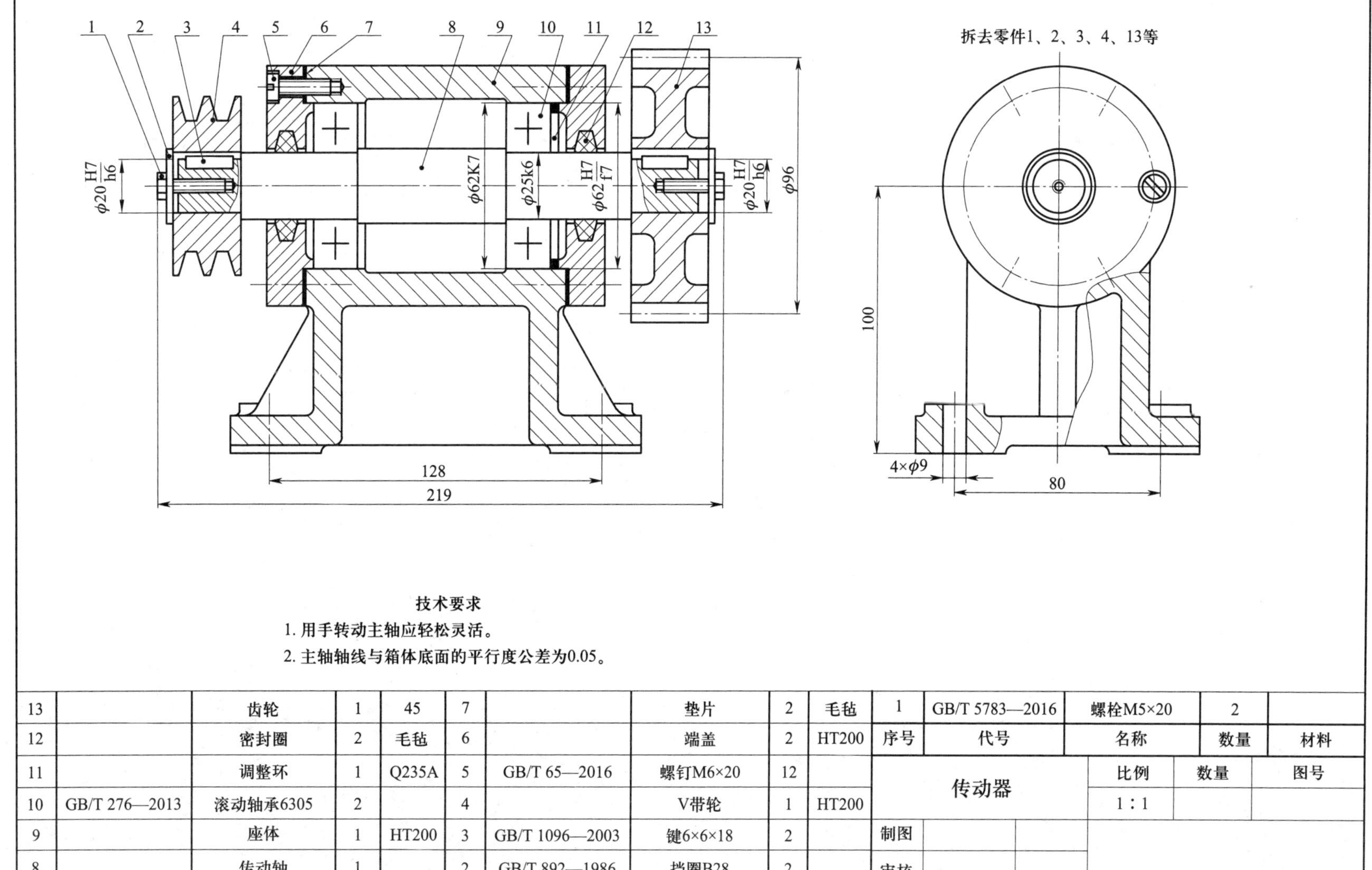

技术要求

1. 用手转动主轴应轻松灵活。
2. 主轴轴线与箱体底面的平行度公差为0.05。

13		齿轮	1	45	7		垫片	2	毛毡	1	GB/T 5783—2016	螺栓M5×20	2	
12		密封圈	2	毛毡	6		端盖	2	HT200	序号	代号	名称	数量	材料
11		调整环	1	Q235A	5	GB/T 65—2016	螺钉M6×20	12		传动器		比例	数量	图号
10	GB/T 276—2013	滚动轴承6305	2		4		V带轮	1	HT200			1∶1		
9		座体	1	HT200	3	GB/T 1096—2003	键6×6×18	2		制图				
8		传动轴	1		2	GB/T 892—1986	挡圈B28	2		审核				

班级________学号________姓名____________

8-2-3（续）

识读传动器装配图，回答下列问题：

（1）该装配图共用了________个视图表达其结构，它们分别是________视图和________视图。

（2）该装配图的主视图采用________剖视，在传动轴 8 的两端只剖切一部分，这是因为传动轴的其余部分为________。该装配图的左视图采用了________剖视。

（3）该装配体上有________种标准件，螺钉（件 5）的数量是________，它用于连接________和________。

（4）键（件 3）用于实现传动轴与________和________之间的连接。

（5）挡圈（件 2）和螺栓（件 1）的作用是________________。

（6）两个滚动轴承的代号为________，属于________轴承，其外圈直径为________，外圈与________配合；内圈直径为________，内圈与________配合。

（7）$\phi 62\frac{H7}{f7}$表示________和________之间的配合。

（8）该装配体的总长为________mm。

（9）该装配体的安装尺寸有____________mm、____________mm 和____________mm。

（10）拆画零件 6 和零件 13 的视图，齿轮（零件 13）的齿数 z=32，m=30（主要尺寸依据装配图上标注的尺寸，其他尺寸根据结构形状自行确定）。

班级________ 学号________ 姓名__________

第九章　建筑电气工程图

9-1　建筑电气制图基本知识

一、填空题（将正确答案填在横线空白处）

1. 建筑电气工程图的图线宽度一般选用________mm、0.7 mm和________mm。

2. 在建筑电气工程图中，电气平面图和电气总平面图宜采用________种及以上的线宽绘制，其他图样宜采用________种及以上的线宽绘制。

3. 建筑电气工程图多采用统一的________符号并加注文字符号绘制而成。

4. 电气设备常用参照代号的字母代码宜采用________字母主类代码。当此类代码不能满足设计要求时，可采用主类加子类的________字母代码。

5. 当参照代号采用字母代码标注时，参照代号由________符号、________代码和数字组成。

6. 表示________、信号通路、________等图线应采用直线，且要求交叉和折弯最少。

7. 图线主要有________布置和________布置两种方式，但有时为了把相应的元器件连接成对称形式也可斜交叉布置。

8. 建筑电气工程图中，电路或电气元器件的布局方法有________布局法和________布局法两种。

9. 每根连接线或导线各用一条图线表示的方法，称为________线表示法。

10. 在绘制建筑电气工程图时，应在用电设备的图形符号附近标注用电设备的________功率、________代号等信息。

11. 电气线路包括强电的________线缆、________线缆及敷设路由，弱电的____________系统、____________系统等智能化子系统的信号线缆及敷设路由。

12. 绘制建筑电气工程图时，应标注电气线路的________编号或参照代号、________型号及规格、根数、敷设方式、敷设部位等信息。

二、选择题（将正确答案的序号填在括号内）

1. 在下列建筑电气工程图中，（　　）应按比例制图，并在图样中标注制图比例。

A. 电气平面图　　B. 电气系统图　　C. 电路图

2. 一个图样最好选用（　　）种比例绘制。

A. 1　　B. 2　　C. 3

班级________学号________姓名__________

9-1（续）

3.（　　）是指用于表达一个电气设备或概念的简单图形或字符。

A. 图形符号　　B. 参照代号　　C. 编号

4. 下列说法错误的是（　　）。

A. 图形符号在不改变其含义的前提下可放大或缩小

B. 图形符号不可旋转或镜像布置

C. 当图形符号有两种表达形式时，可任选其中一种形式，但同一工程应使用同一种表达形式

5.（　　）是指作为系统组成部分的特定项目，按该系统的一方面或多方面相对于系统的标识符。

A. 图形符号　　B. 参照代号　　C. 编号

6.（　　）不是导线组图形符号的表达形式。

A. 　　B. 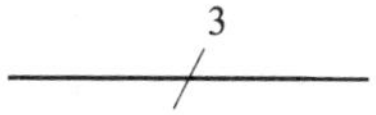 3　　C.  3

7. 项目产品面参照代号的前缀符号是（　　）。

A. =　　B. –　　C. +

8. 主类字母“R”用于表示（　　）。

A. 电阻器、二极管、电感器

B. 电容器、电感器、电阻器

C. 熔断器、接触器、电阻器

9. 主类字母“Q”可表示（　　）。

A. 接触器、断路器、隔离开关

B. 断路器、控制开关、按钮

C. 断路器、隔离开关、熔断器

10.（　　）布置是将表示设备和电气元器件的图形符号按横向（行）布置，连接线呈水平方向，各类似项目纵向对齐。

A. 水平　　B. 垂直　　C. 交叉

11.（　　）布局法是指简图中表示电路或电气元器件的图形符号的布置位置与其实际安装位置基本一致的布局方法。

A. 位置　　B. 功能　　C. 功能和位置

12. 用一条图线表示两根或两根以上的连接线或导线的方法称为（　　）表示法。

A. 多线　　B. 单线　　C. 中断线

13.（　　）表示法是指将连接线的中间部分断开，然后用标记符号表示导线去向的方法。

A. 中断　　B. 连续　　C. 单线

14. 高于零点的标高是（　　）。

A. 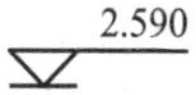 2.590　　B. 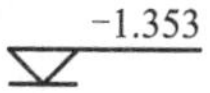 −1.353　　C. 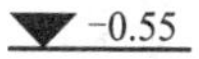 −0.55

班级________ 学号________ 姓名__________

三、简答题

1. 识读图 9-1 所示一层照明平面图（局部），回答下列问题。

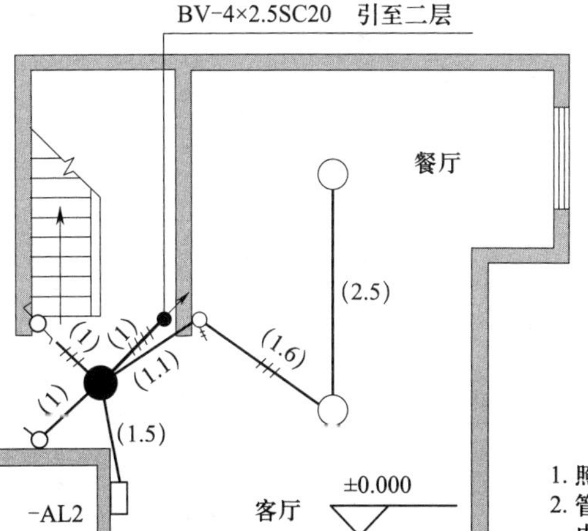

序号	图例	名称、型号、规格	备注
1	▭	照明配电箱JM 600mm×400mm×120mm（宽×高×厚）	箱底标高1.6m
2	○	装饰灯 FZS-164，1×100W	吸顶
3	●	圆球罩灯 JXD1-1，1×40W	
4		单联单控开关10A，250V	暗装，安装高度1.3m
5		双联单控开关10A，250V	
6		双控单极开关10A，250V	

说明

1. 照明配电箱AL2为嵌入式安装。
2. 管路均采用焊接钢管SC20沿顶板、墙暗敷，一、二层顶板内敷管标高分别为3.2m和6.5m，管内穿绝缘导线BV2.5mm²。
3. 配管水平长度见图示括号内数字，单位为m。

图 9-1　一层照明平面图（局部）

（1）写出图中下列图形符号所表达的含义。

1）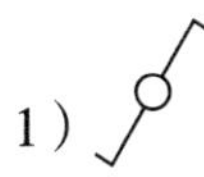

2）———///———

3）±0.000

（2）写出图中下列符号所表达的含义。

1）-AL2

2）BV-4×2.5SC20

（3）图中灯、配电箱、开关等电器是按什么布局方法布置的？该布局方法有何特点？主要用于哪些图样？

班级________ 学号________ 姓名__________

9-1 （续）

2. 识读图 9-2 所示照明平面图，回答下列问题。

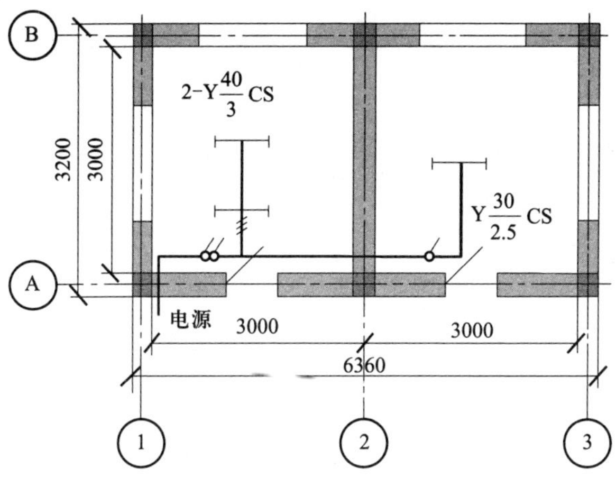

图 9-2　照明平面图

（1）图中的导线是用什么表示法表示的？该表示法有何特点？主要适用于什么情况？

（2）图中电器的安装位置是怎样确定的？

（3）写出图中下列符号所表达的含义。

1）2-Y$\frac{40}{3}$CS

2）├────┤

班级________学号________姓名__________

3. 识读图 9–3 所示动力平面图，回答下列问题。

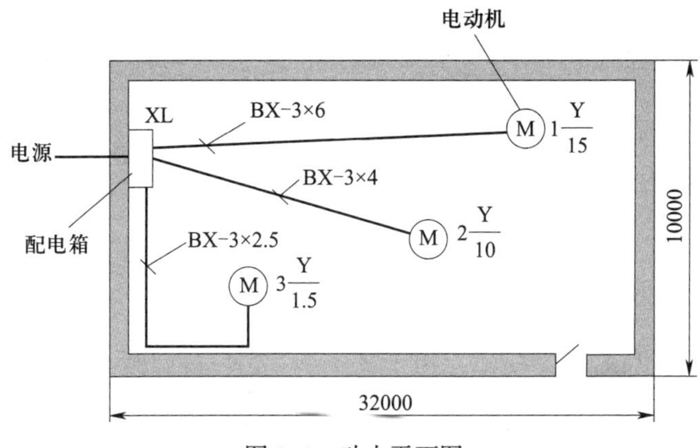

图 9–3　动力平面图

（1）写出图中配电箱的参照代号，并指出该参照代号中单字母主类代码是什么。该参照代号省略了什么前缀符号？

（2）什么是参照代号？参照代号主要用于表示什么信息？

（3）在什么情况下参照代号的前缀符号可省略？

（4）写出图中下列符号所表达的含义。

1）$2\frac{Y}{10}$

2）BX–3 × 6

（5）图中电动机有哪几台？在建筑电气工程图中，电气设备、线路（回路）、元器件等在什么情况下应进行编号？

班级________学号________姓名__________

一、填空题（将正确答案填在横线空白处）

1. 常见的电气系统图主要有________系统图、________系统图、________系统图、弱电系统图等。

2. 电气系统图应表示出系统的主要________、主要________、功能信息、位置信息、连接信息等。

3. 电气系统图中，框的表达形式有________线框和________线框两种，其中________线框包含的容量一般更多些。

4. 电路图一般包括________、________、________、端子代号及了解其功能必需的补充信息。

5. 电路图中的元器件可采用________、半集中、________等表示法表示。

6. 单一稳定状态的手动或机电元件表示在________或断电状态。标有断开（OFF）位置的多个稳定位置的手动控制开关表示在________位置。

7. 接线图中的项目一般用________符号表示，如矩形、正方形、圆形等。

8. 接线图中各电气元器件的________、________、元器件连接顺序、接线号都必须与电路图中的一致。

二、选择题（将正确答案的序号填在括号内）

1. 电气系统图又称（　　），是一种概略地表达一个项目全面特性的简图。

A. 概略图　　B. 电路图　　C. 接线图

2. 下列说法错误的是（　　）。

A. 电气系统图按功能布局布置，图中不能补充位置信息

B. 电气系统图中用以表示电气设备的图形符号按工作顺序或功能关系自上而下、从左到右布置，每个功能组的元器件集中布置在一起，而不考虑其实际尺寸、形状和安装位置

C. 电气系统图可根据系统的功能或结构的不同层次分别绘制

3. 电气系统图中用于表示框形符号或带注释的框之间的电气连接线用（　　）表示法表示。

A. 多线　　B. 单线　　C. 多线、单线均可

4.（　　）是一种用于表达项目电路组成和物理连接信息的简图，主要用于阐述电路的构成和工作原理。

A. 概略图　　B. 电路图　　C. 接线图

班级________学号________姓名__________

5. 下列说法错误的是（　　）。

A. 电路图中的图形符号一般选用国家标准 GB/T 4728 中规定或按此规定组合生成的图形符号，但有时也根据需要采用简化外形表示

B. 电路图是按位置布局法布置的，布局时应突出控制过程或信号流的方向，各项目按工作顺序从左至右、自上而下进行排列

C. 电路图的图形符号排列应整齐，电路连线应最短、交叉最少，且直通

6. 下列说法错误的是（　　）。

A. 集中表示法是指在简图上把表示一个项目的各组成部分的图形符号绘制在一起的方法

B. 在集中表示法中，各组成部分用机械连接线（虚线）互相连接起来，连接线必须为直线

C. 集中表示法主要用于复杂电路图

7.（　　）表示法是把同一项目中的不同部分的图形符号，在简图上按不同功能和不同回路分散在图上，并使用参照代号表示它们之间关系的表示方法。

A. 分开　　B. 集中　　C. 半集中

三、简答题

1. 识读图 9-4 所示动力配电箱系统图，按要求回答下列问题。

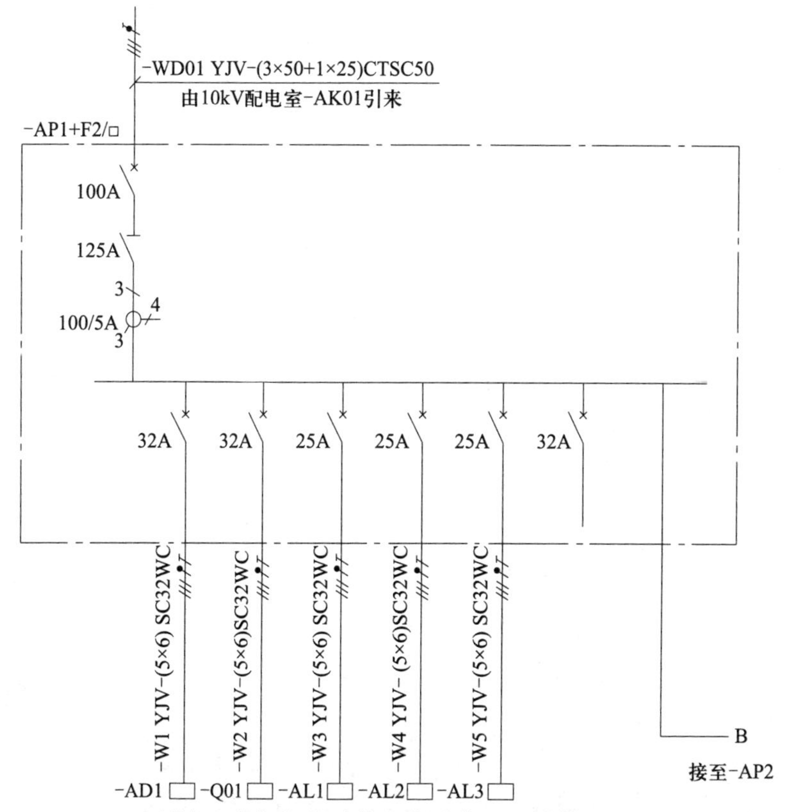

图 9-4　动力配电箱系统图

班级________学号________姓名____________

9-2 （续）

（1）图中表示项目的图形符号是按什么布局法布局的？该布局法有什么特点？

（2）图中动力配电箱（-AP1）用什么图形符号表示？直流柜（-AD1）、维修电源箱（-Q01）、照明配电箱（-AL1、-AL2、-AL3）用什么图形符号表示？两者有何不同？

（3）图中带注释的框之间的连接线用什么表示法绘制？

（4）图中连接线与点画线框、实线框连接有何不同？

（5）以 -AL1、-AL2、-AL3 为例说明在参照代号中字母代码后面标注数字的含义。

（6）图中按什么供电方式引入动力配电箱（-AP1）电源？

（7）写出图中下列符号所表达的含义。

1）

2）

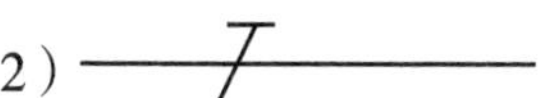

3）

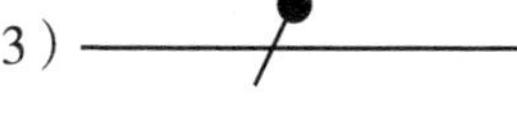

4）

班级________ 学号________ 姓名__________

2．识读图 9–5 所示三相笼型感应电动机点动控制电路图，按要求回答问题。

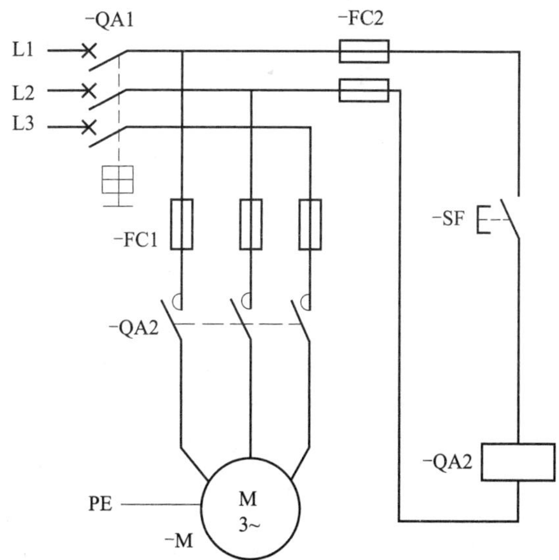

图 9–5　三相笼型感应电动机点动控制电路图

（1）图中电气元器件是按什么布局方法布局的？

（2）图中低压断路器 -QA1、按钮 -SF 均表示在什么状态？

（3）图中接触器 -QA2 表示在什么状态？

（4）图中接触器 -QA2 是用什么表示法绘制的？

（5）图中的连接线是用什么表示法表示的？该表示法有何特点？

（6）举例说明图中哪些图线是水平布置的。图线按水平布置的绘制要求是什么？

班级________学号________姓名____________

（7）举例说明图中哪些图线是垂直布置的。图线按垂直布置的绘制要求是什么？

（8）找出图中的参照代号，并按要求填写下表。

元器件名称	参照代号	字母代码	
		主类	子类
低压断路器			
熔断器			
按钮			
交流接触器			
三相笼型感应电动机			

（9）图中项目标注的是什么面的参照代号？

3. 识读图 9-6 所示动力控制电路接线图，并按要求回答问题。

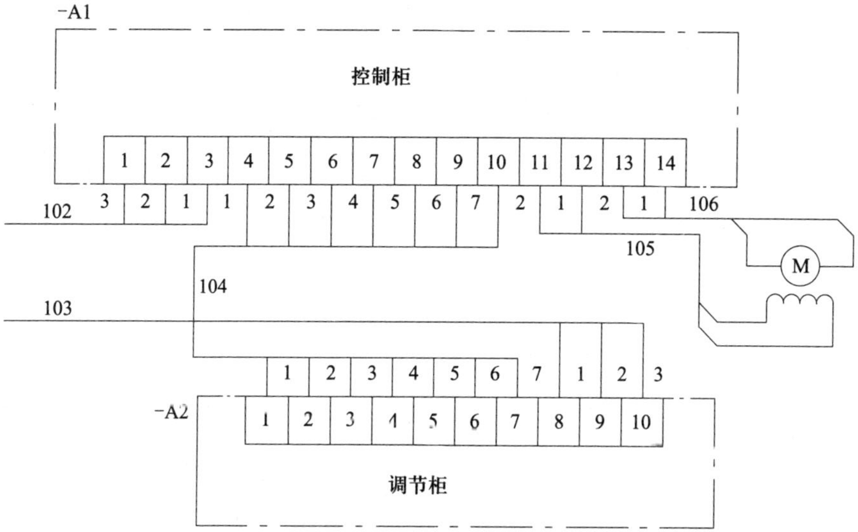

图 9-6　动力控制电路接线图

（1）图中电气设备是按什么布局方法布局的？

（2）图中用于表示电气设备项目的图形符号是怎样绘制的？

（3）图中线束用几条图线表示？

班级________学号________姓名____________

一、填空题（将正确答案填在横线空白处）

1. 建筑电气平面图是采用图形和文字符号将电气设备及电气设备之间电气通路的________、________、________等信息绘制在一个以建筑专业平面图为基础的图内，并表达其相对或绝对位置信息的图样。

2. 建筑电气平面图主要有________平面图、________平面图、变配电所平面图、________平面图、________平面图、弱电平面图等。

3. 建筑电气平面图中的电气设备用________符号、________符号或简化外形表示。

4. ________轴线是指确定建筑平面图上的承重墙、柱、梁等主要承重构件位置的轴线。________标注法是指通过标注尺寸来确定图上位置的方法。

5. 在电气平面图中，电气图线一般用________线来表示。为突出电气布置，通常________图线用较粗的实线、________图线用细实线。

6. 照明电路接线主要有________接线法和________接线法两种方式。

二、选择题（将正确答案的序号填在括号内）

1. 建筑电气平面图是以（　　）为基础的图样。

A. 建筑专业平面图　　B. 概略图　　C. 电路图

2. 电气平面图用图形符号与电路图中的图形符号并不完全相同。例如，电气平面图中开关的一般图形符号为（　　）。

A.　　B.

3.（　　）接线法是一种只能通过设备的接线端子引线的接线方法，导线中间不允许有接头。

A. 直接　　B. 共头

4. 两只双联开关在两处控制一盏灯的照明平面图是（　　）。

A.
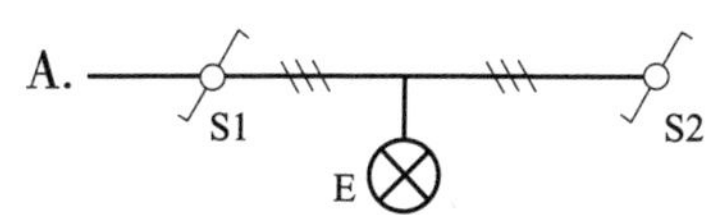

B.
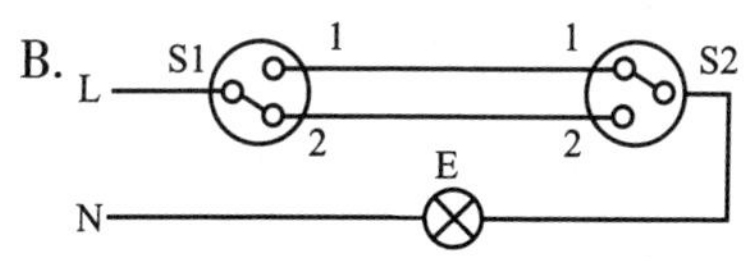

C.
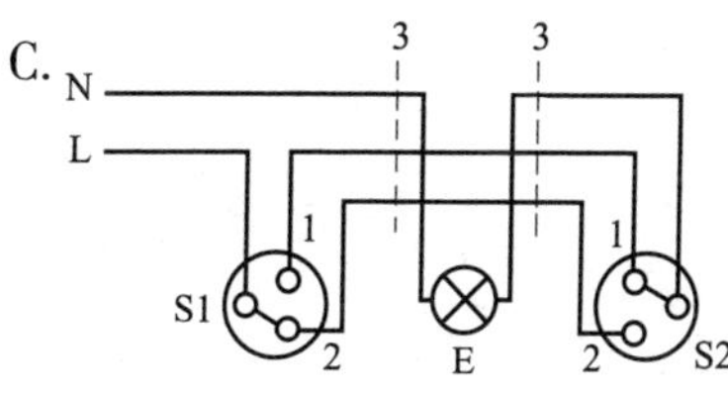

班级________学号________姓名__________

三、简答题

1. 识读图 9-7 所示二层照明平面图，回答下列问题。

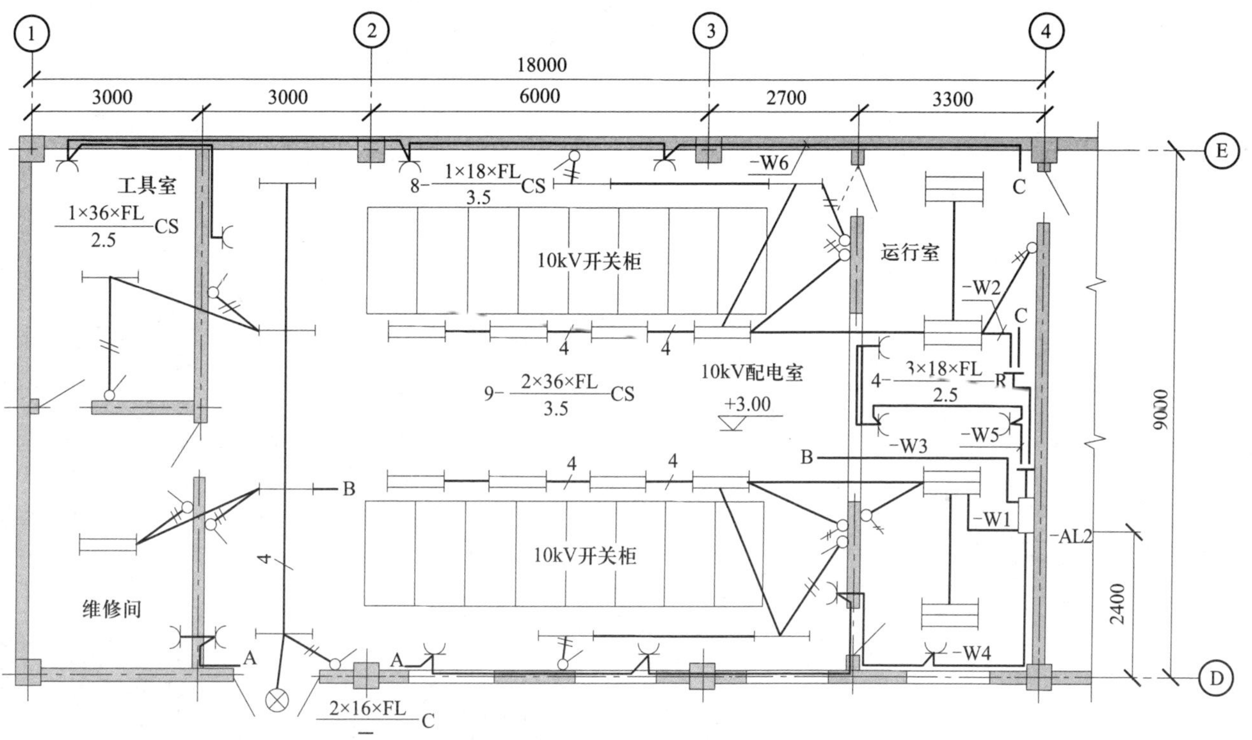

附注：

1. 照明线路采用BV-3×1.5电线穿SC15管暗敷。灯开关为暗装，安装高度距地1.3m。
2. 插座线路采用BV-3×2.5电线穿SC15管暗敷。图中插座图例⋎代表10A二、三极单相插座，暗装，安装高度距地0.3m。
3. 图中未标导线数均为3根。

二层照明平面图1：100

图 9-7　二层照明平面图

班级________学号________姓名____________

9-3 （续）

（1）写出下表中图形符号的含义。

图形符号	含义	图形符号	含义
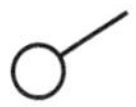			

（2）图中用什么方法来确定线路和电气设备的布置位置？建筑电气平面图中电气设备和设施的位置与建筑平面图是否一致？

（3）图中用于表示项目的图形符号是按什么方法布局的？

（4）图中照明线路和插座线路采用了哪种配线方式？常用的配线方式有哪两种？

（5）图中表示电路的连接线是用什么表示方法绘制的？

（6）用定位轴线法读出图中配电箱（-AL2）的安装位置。

（7）图中没标注导线数的连接线均为几根导线？

（8）图中灯开关的安装高度距地面多少米？

（9）强电系统和弱电系统的电气平面图能否绘制在一起？

班级________学号________姓名____________

（10）写出下列标注的含义。

1）$\underset{\bigtriangledown}{\underline{+3.00}}$

2）$9\text{-}\dfrac{2\times36\times\text{FL}}{3.5}\text{CS}$

3）$\dfrac{2\times16\times\text{FL}}{-}\text{C}$

（11）图中图样的比例是多少？

（12）图中哪条连接线用了中断表示法？中断标记符号分别是什么？

2. 图 9-8 是与图 9-7 相对应的照明配电箱系统图。识读图 9-8、图 9-7 和图 9-4，回答下列问题。

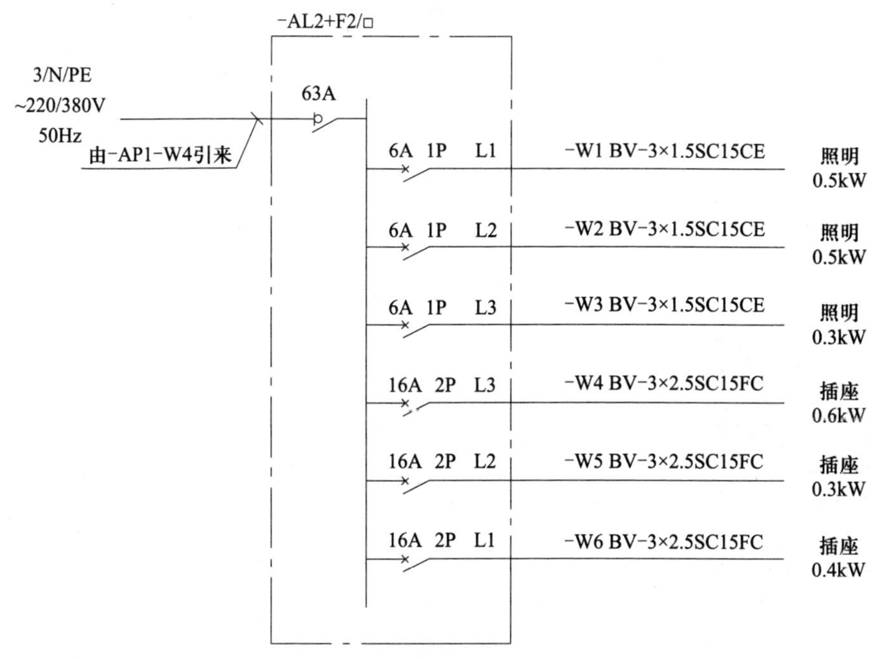

图 9-8 二层照明配电箱系统图

（1）建筑电气平面图一般按照什么顺序识读？

班级________ 学号________ 姓名__________

9-3 （续）

（2）图 9-8 中，照明配电箱系统（-AL2）的电源引自哪里？电源经哪根电缆引入？

（3）图中按什么供电方式引入照明配电箱系统（-AL2）电源？

（4）由图 9-8 和图 9-7 可知，电源经照明配电箱（-AL2）分配成哪几条分干线？其中，哪些为照明线路？哪些为插座线路？

（5）写出下列标注的含义。

1）-W1 BV-3 × 1.5SC15CE

2）-W4 BV-3 × 2.5SC15FC

班级________ 学号________ 姓名___________

第十章　AutoCAD 绘图

10–1–1　操作与简答题

（1）启动 AutoCAD 2022，进入“草图与注释”工作界面，简述其操作步骤。

（2）查看标题栏中的内容，在图 10–1 中标注各项内容的名称。

图 10–1　标题栏

（3）查看快速访问工具栏中各按钮的名称及功能，写出各按钮的名称。将光标移到按钮上，了解其功能，解释“新建”“打开”“保存”“另存为”“打印”“放弃”以及“重做”的含义。

（4）显示菜单栏，说出菜单栏中各主菜单的名称，打开各主菜单，了解其中的内容。

班级________学号________姓名____________

10-1-2　操作与简答题

（1）AutoCAD 2022 的功能区在什么位置？包含哪几个部分？最常用的是哪个功能区？

（2）在绘图区任意绘制几条直线，观察光标在执行命令前后的变化和命令行的显示内容，并做好记录。

（3）在图 10-2 中标注状态栏上各按钮的名称。

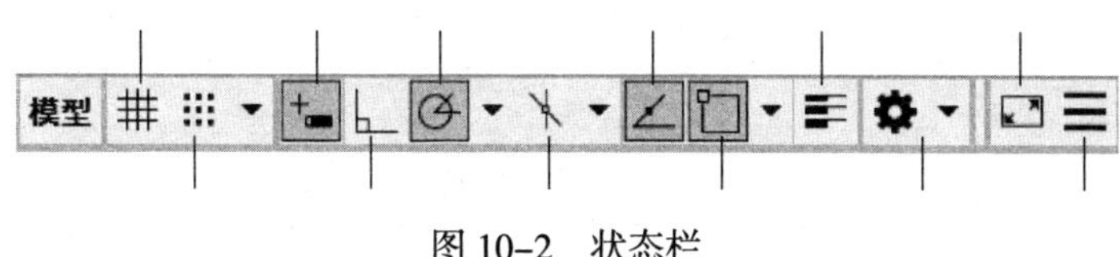

图 10-2　状态栏

（4）将光标移到导航栏上，了解各按钮的名称及功能，并做好记录。

（5）单击导航栏中“缩放”按钮下方的下拉箭头，打开“缩放”菜单，了解各种缩放命令，并做好记录。

班级________　学号________　姓名____________

10-1-3 操作与简答题

(1) 在不选中图形对象和选中图形对象两种情况下，单击鼠标右键，弹出快捷菜单，了解快捷菜单中的内容，并做好记录。

(2) 启动“保存”命令的方法有哪些?

(3) 关闭 AutoCAD 软件的方法有哪些?

(4) 如何用鼠标缩放和平移图形?

(5) 如何打开“*.dwg”格式的图形文件?

(6) 新建图形文件，绘制几条直线，进行命令的重复、撤销与重做操作，保存图形文件。

(7) 打开图形文件，用“另存为”命令将当前文件以新的文件名保存。

班级________ 学号________ 姓名__________

10–2–1　根据给定条件绘制图形

<table>
<tr>
<td>（1）绘制长为 80 mm 且与水平方向成 34°的直线。
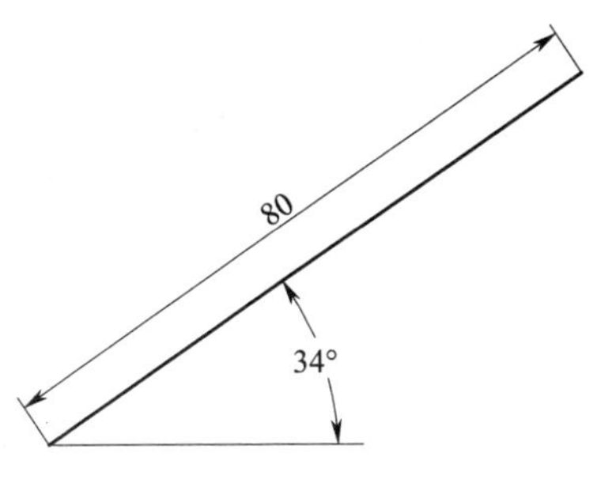
</td>
<td>（2）利用“直线”命令绘制 50 mm×30 mm 的矩形。
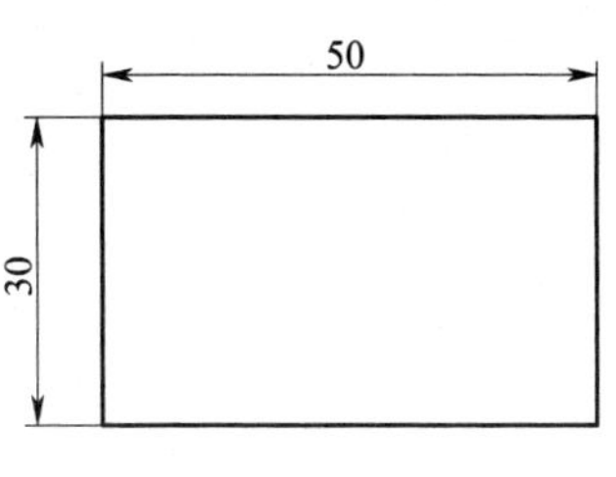
</td>
<td>（3）利用“直线”命令绘制边长为 50 mm 的等边三角形。
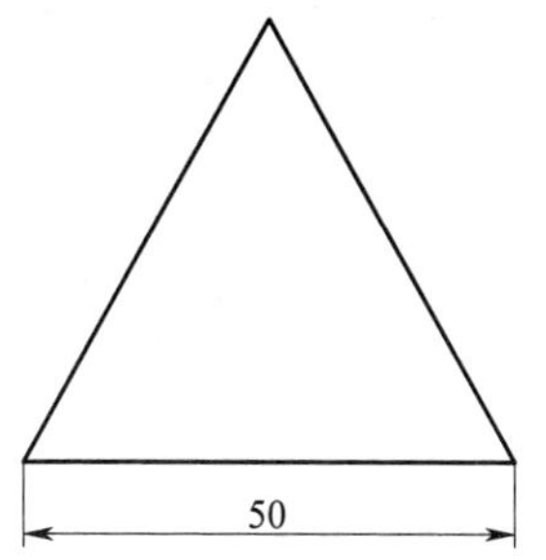
</td>
</tr>
<tr>
<td>（4）绘制两直角边分别为 30 mm、40 mm 的直角三角形。
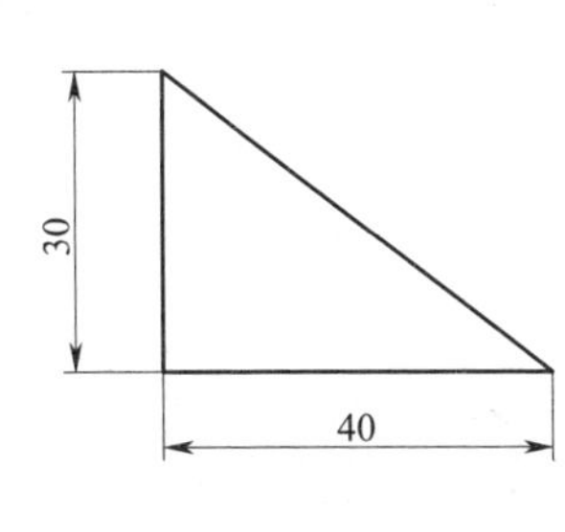
</td>
<td>（5）绘制平面图形。
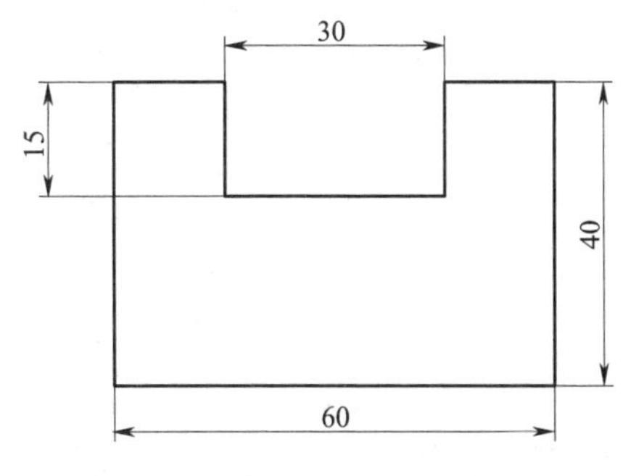
</td>
<td>（6）绘制平面图形。
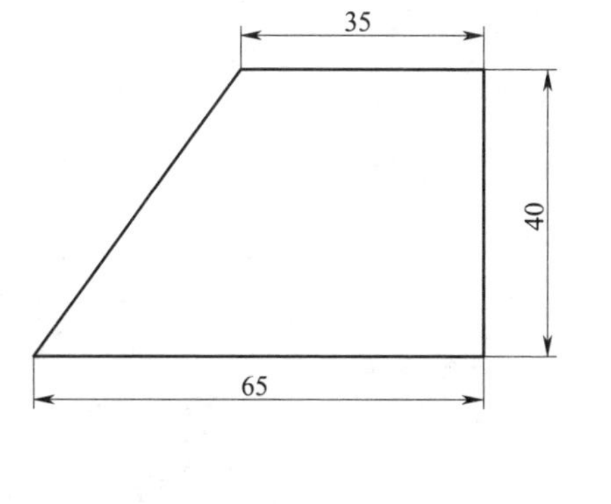
</td>
</tr>
</table>

班级________学号________姓名____________

10-2-2　根据给定条件绘制图形

（1）绘制等腰直角三角形，并绘制内切圆。	（2）绘制三角形，并绘制圆弧。	（3）用“矩形”命令绘制矩形，并绘制外接圆。
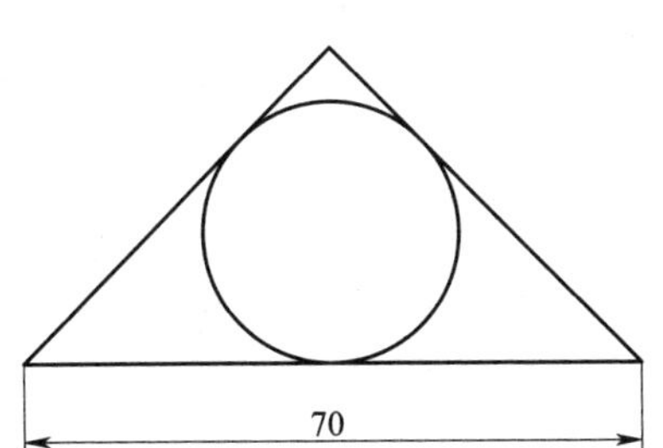	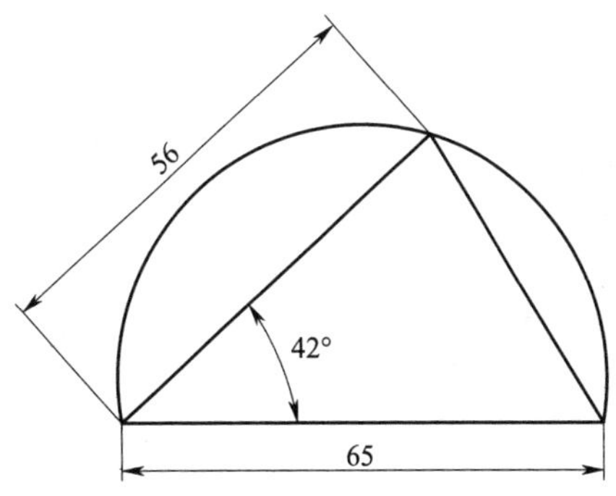	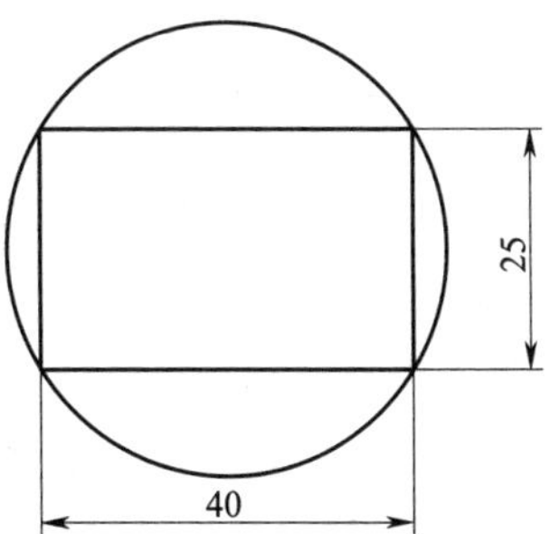
（4）用“正多边形”命令绘制正方形，并绘制内切圆。	（5）绘制 ϕ50 mm 圆及其内接正五边形。	（6）绘制 ϕ40 mm 圆及其外切正五边形。
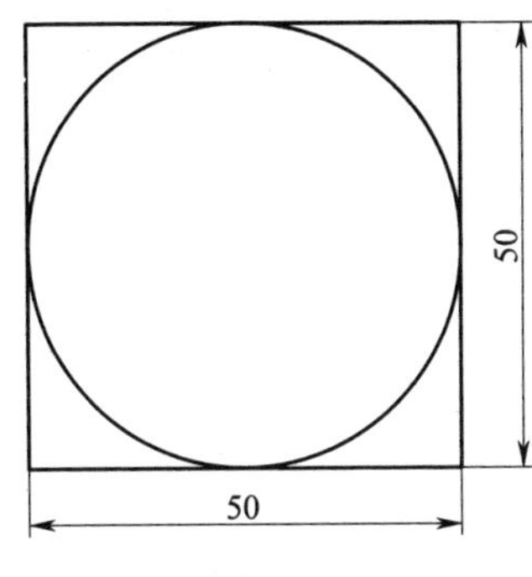	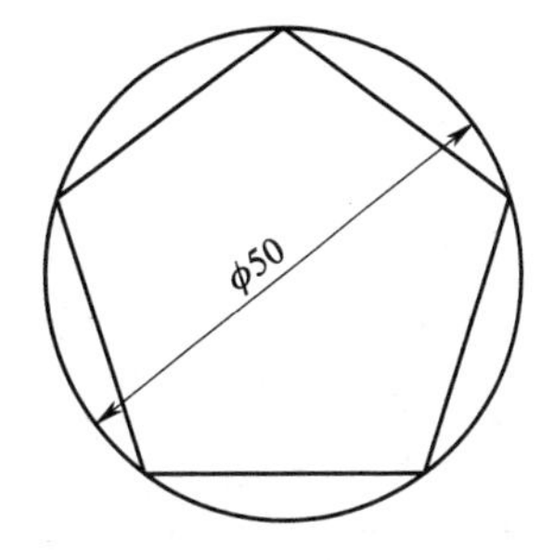	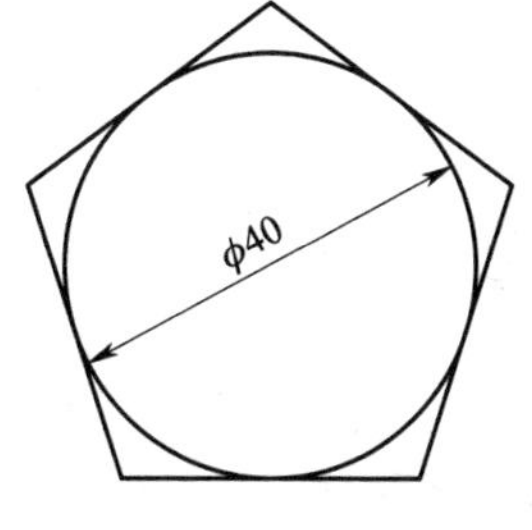

班级________学号________姓名____________

10–3–1　根据尺寸绘制平面图

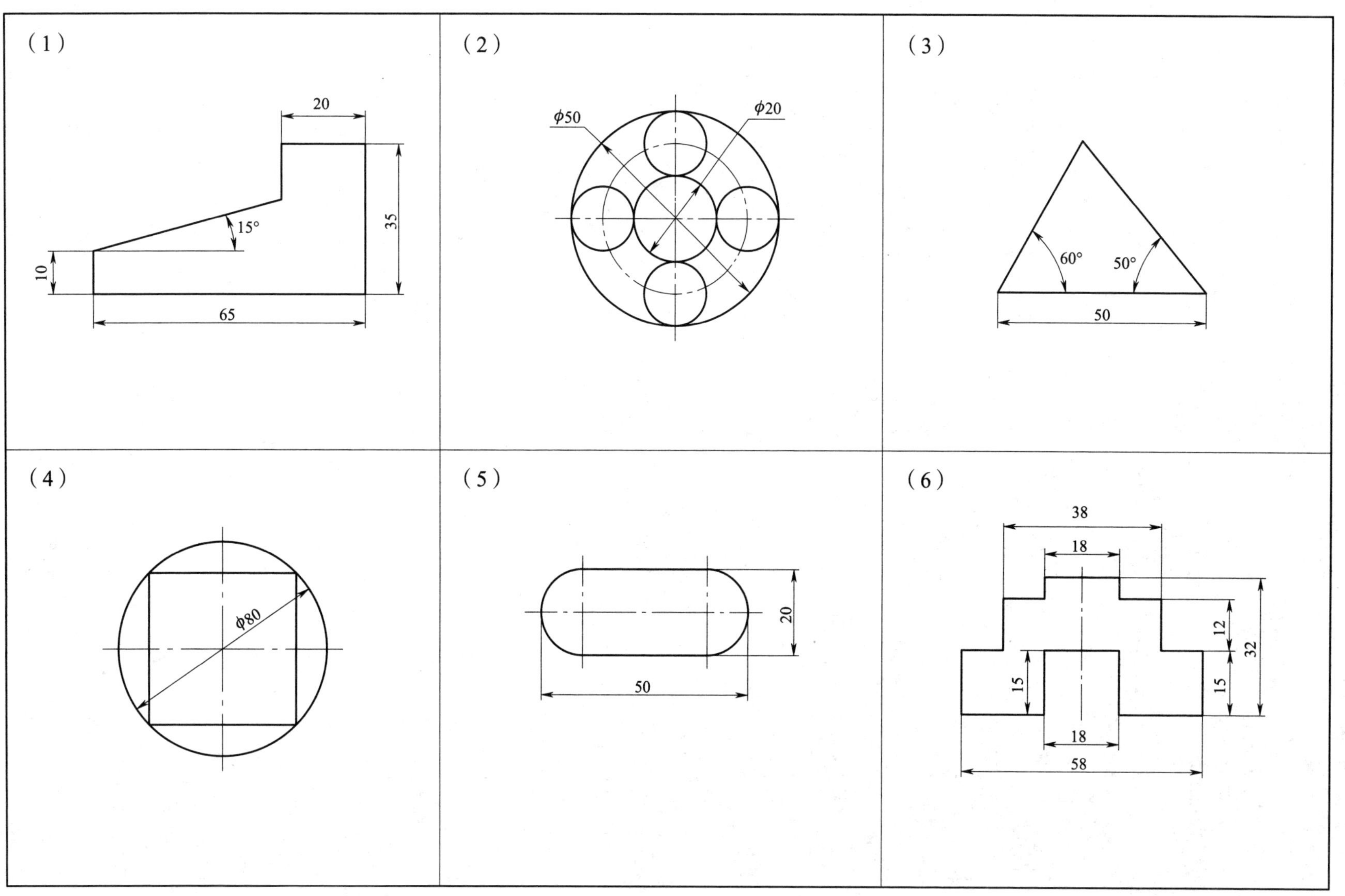

班级________学号________姓名____________

10-3-2　根据尺寸绘制平面图

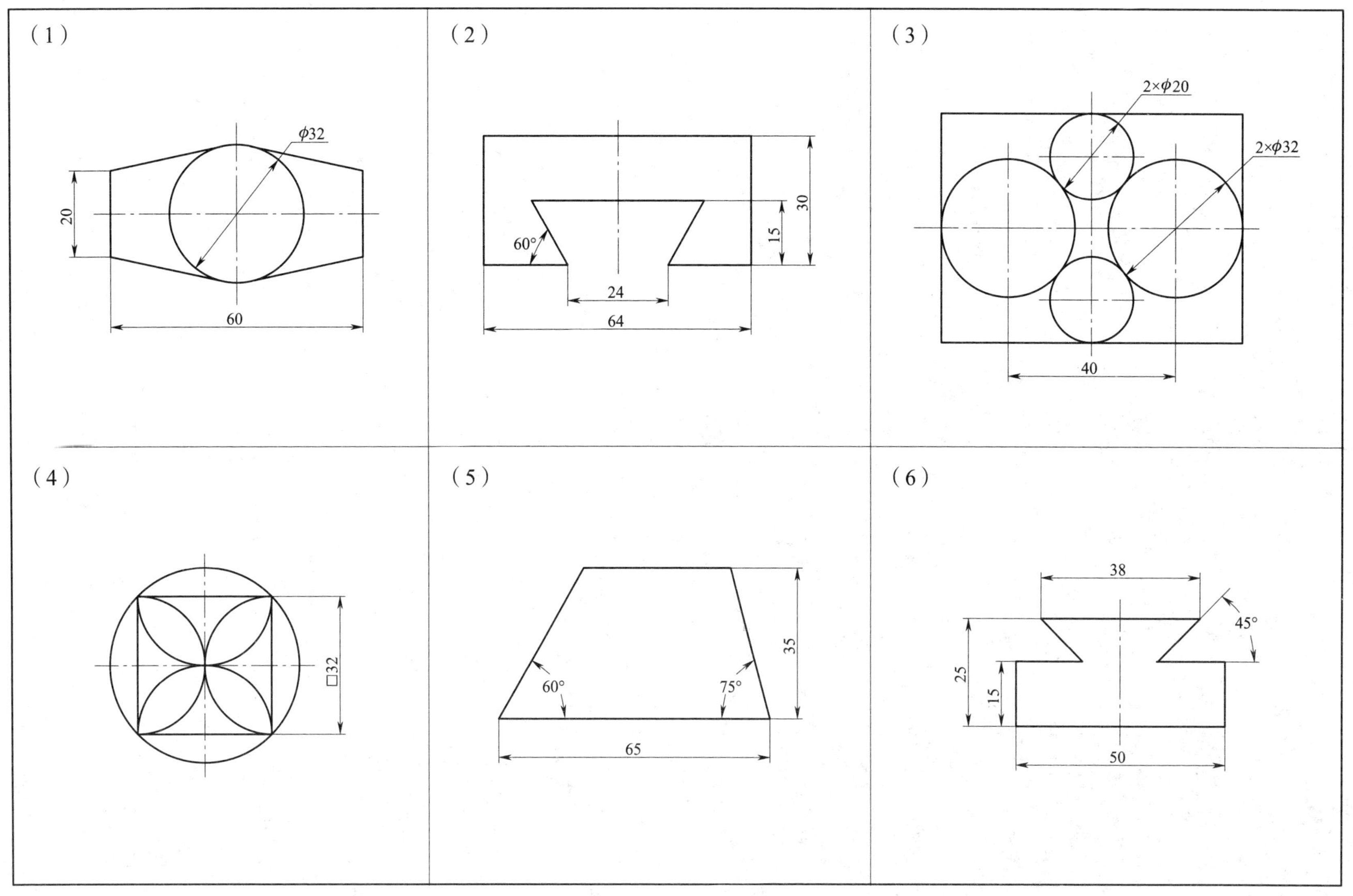

班级________学号________姓名__________

10-4-1　根据尺寸绘制平面图

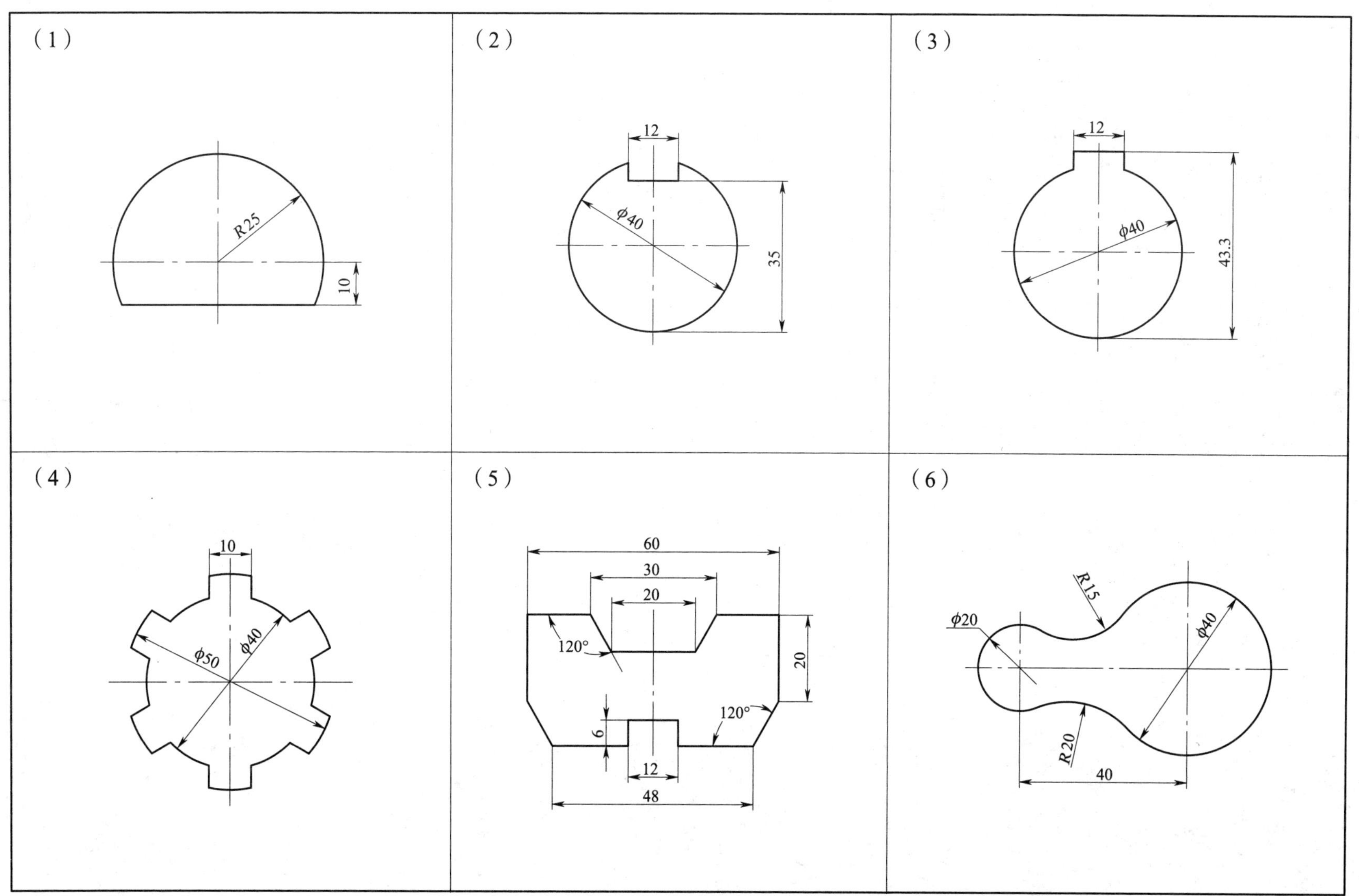

班级________学号________姓名__________

10-4-2 根据尺寸绘制平面图

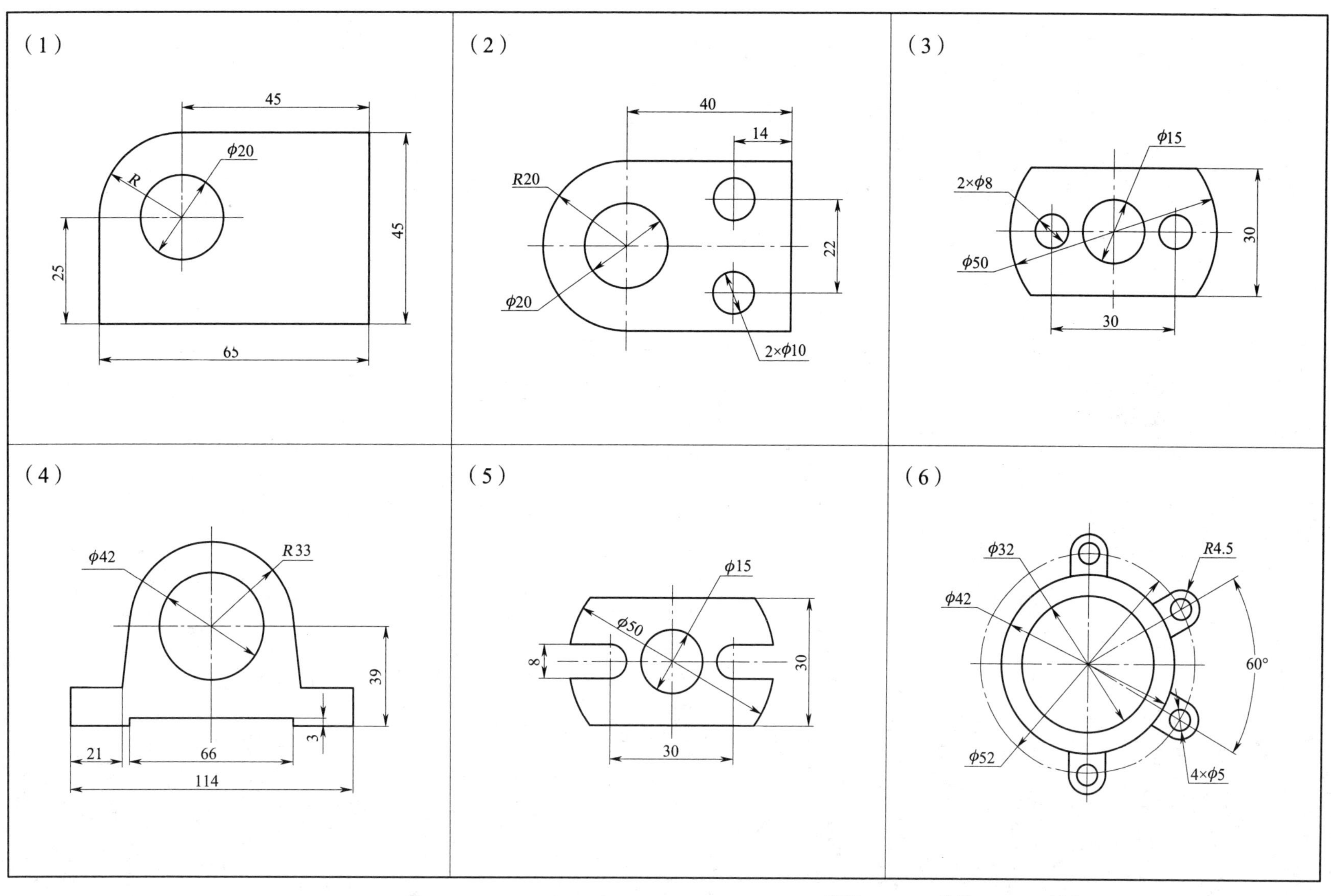

班级________ 学号________ 姓名____________

10-4-3 根据尺寸绘制平面图

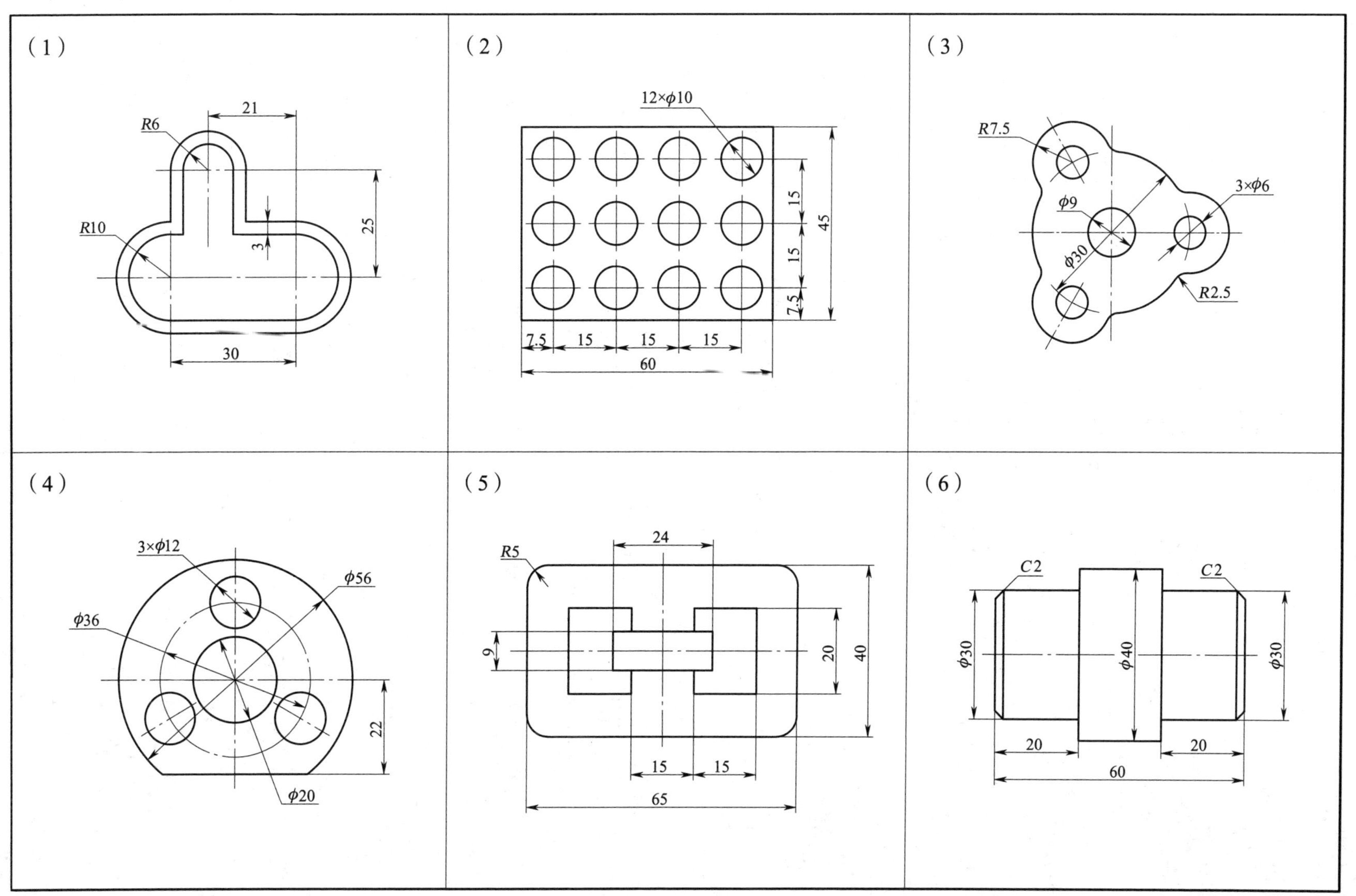

班级________ 学号________ 姓名____________

10-5-1 绘制三视图，并标注尺寸

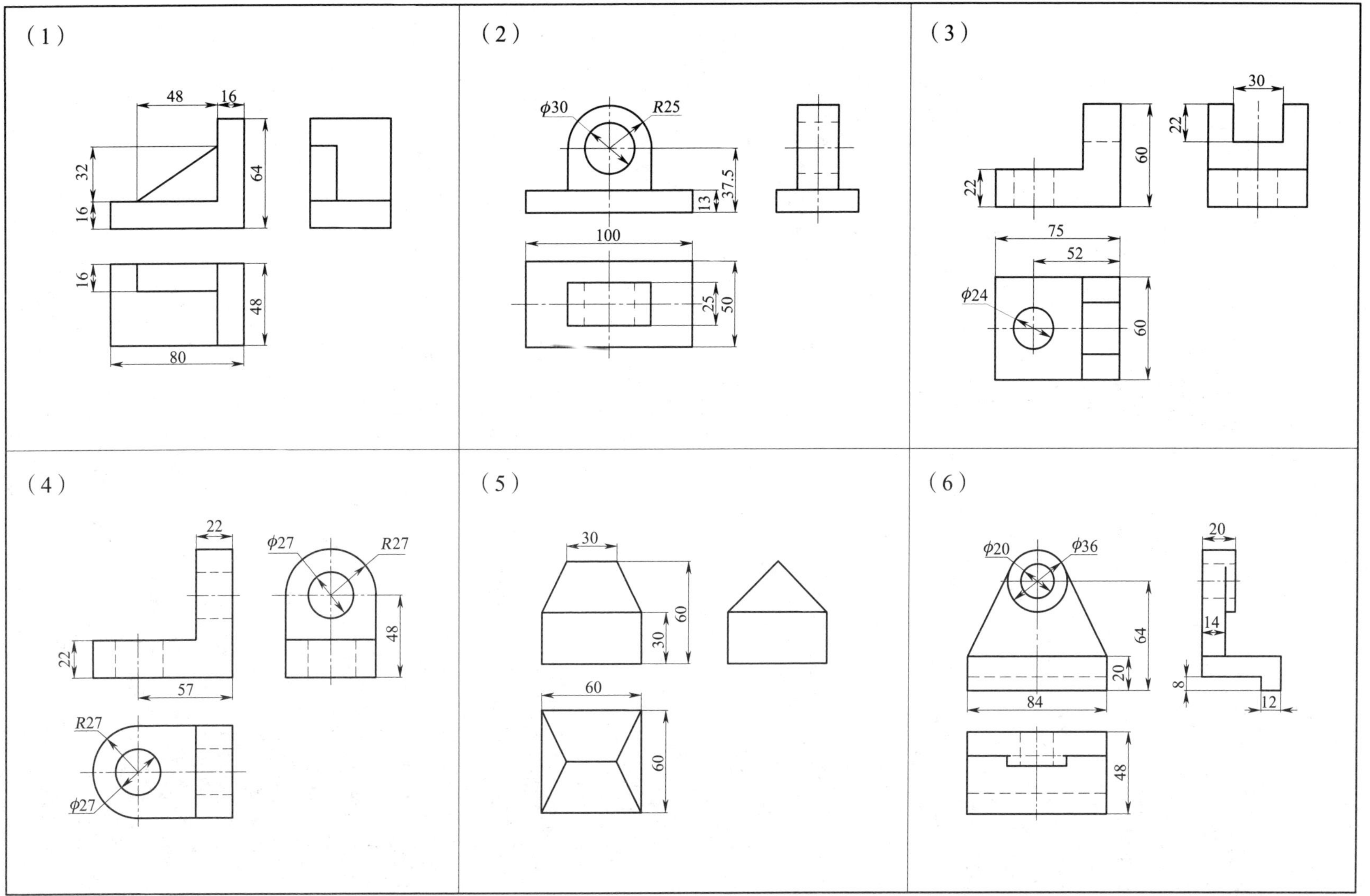

班级________ 学号________ 姓名__________

10-5-2 绘制剖视图，并标注尺寸

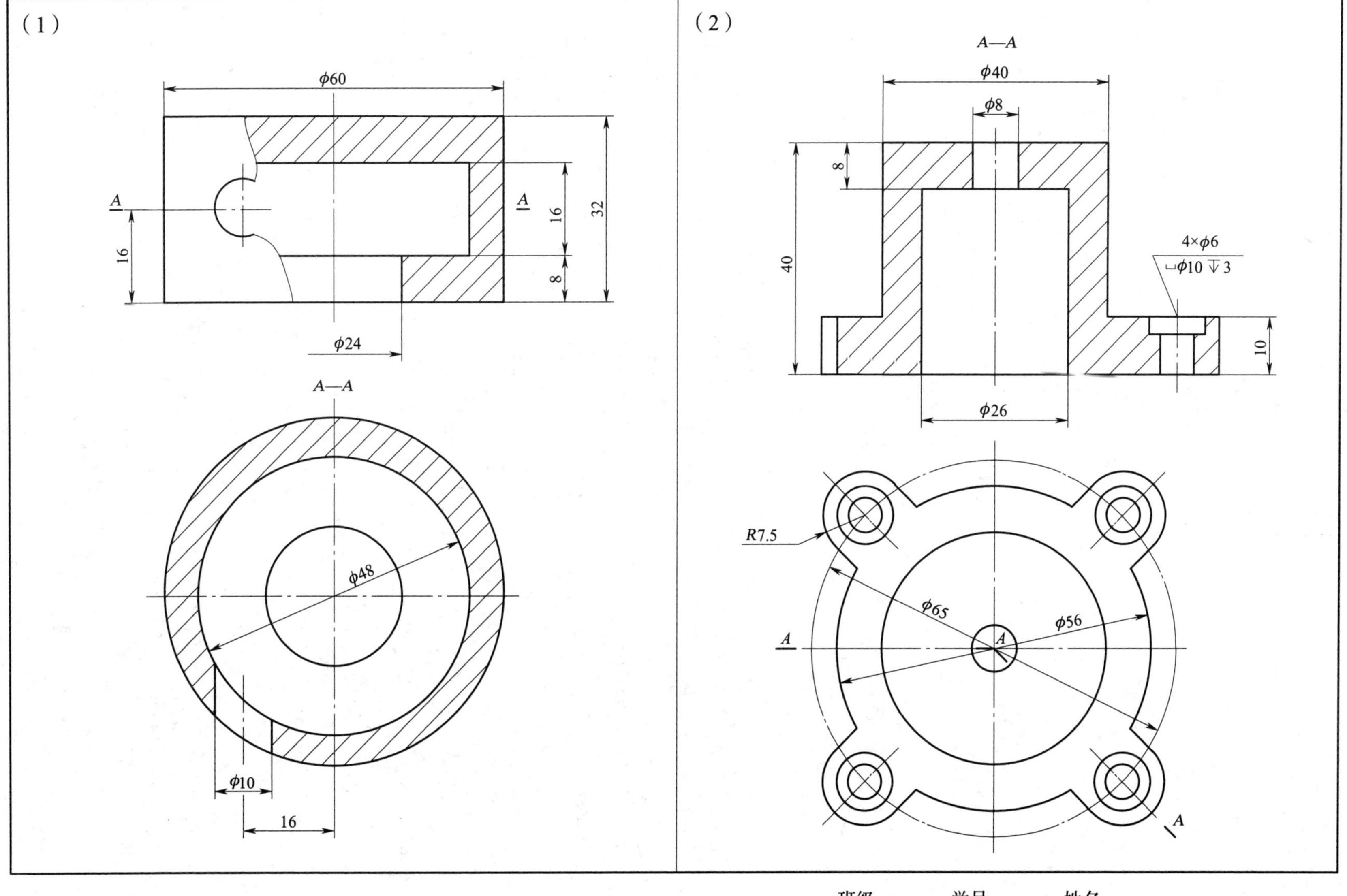

班级________学号________姓名__________

10-5-3　绘制剖视图，并标注尺寸

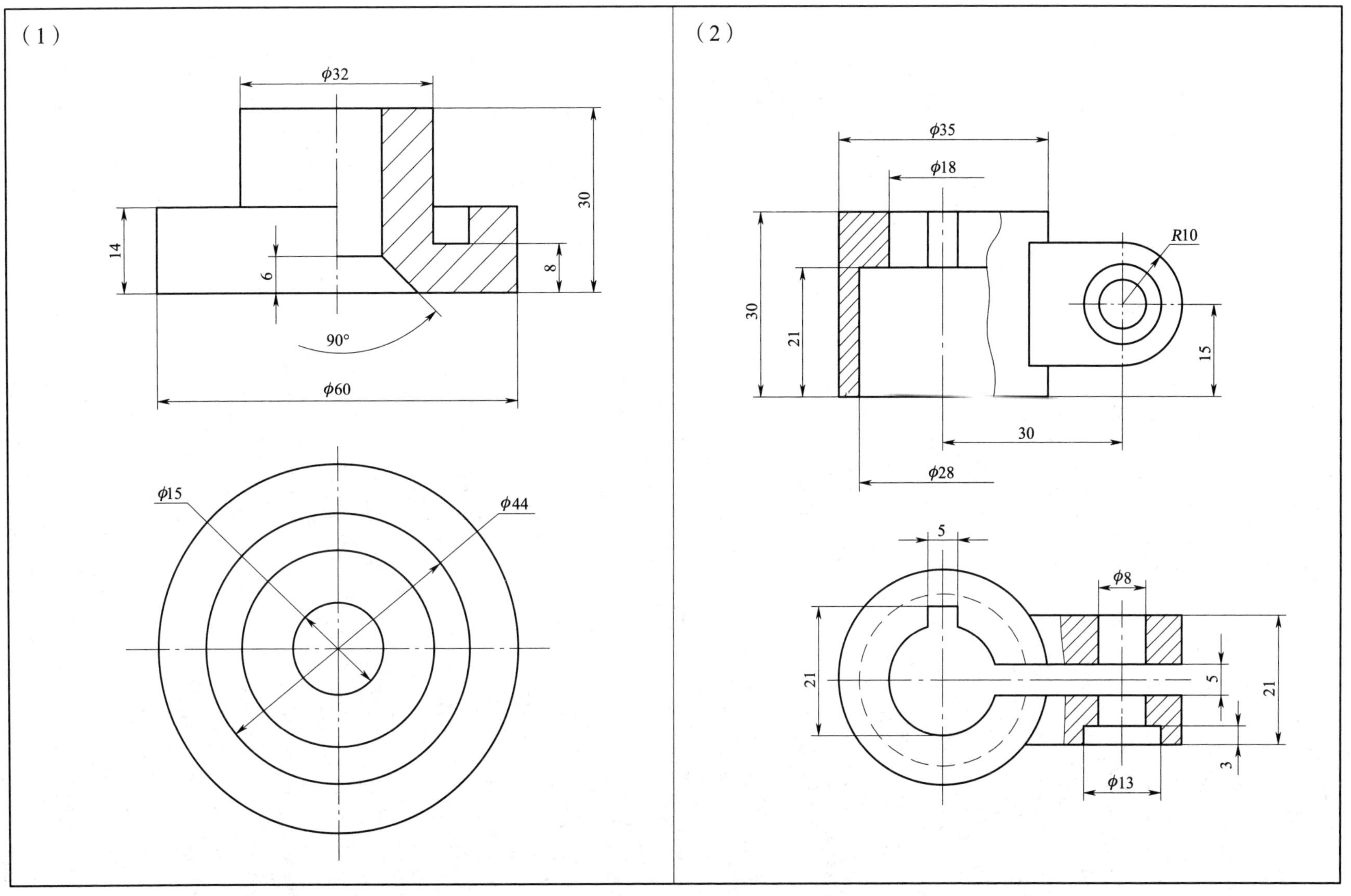

班级________学号________姓名__________